活出

THE VITALITY MARK

生命力

[爱尔兰] 马克·罗 著
（Mark Rowe）

孟繁强 译

北京日报出版社

图书在版编目（CIP）数据

活出生命力 /（爱尔兰）马克·罗著；孟繁强译. -- 北京：北京日报出版社, 2025.5
ISBN 978-7-5477-4669-1

Ⅰ.①活… Ⅱ.①马…②孟… Ⅲ.①成功心理—普及读物 Ⅳ.① B848.4-49

中国国家版本馆 CIP 数据核字 (2023) 第 156203 号

Vitality Mark by Dr Mark Rowe © Mark Rowe 2022
The simplified Chinese translation copyright © 2025 by
Beijing Adagio Culture Co. Ltd.
The simplified Chinese translation rights arranged through Rightol Media.
（本书中文简体版权经由锐拓传媒取得 Email：copyright@rightol.com）

北京版权保护中心外国图书合同登记号：01-2025-2109 号

活出生命力

出版发行：	北京日报出版社
地　　址：	北京市东城区东单三条8-16号东方广场东配楼四层
邮　　编：	100005
电　　话：	发行部：（010）65255876
	总编室：（010）65252135
印　　刷：	天津睿和印艺科技有限公司
经　　销：	各地新华书店
版　　次：	2025年5月第1版
	2025年5月第1次印刷
开　　本：	880毫米×1230毫米　1/32
印　　张：	8.25
字　　数：	210千字
定　　价：	59.80元

版权所有，侵权必究，未经许可，不得转载

前言

我第一次见到马克·罗医生是在2017年，当时我正在为美国哈佛大学医学院的继续医学教育课程做一个关于行为改变的讲座，他也参加了这个课程——从那时起，我们就在互联网上保持联系。我通过社交媒体、视频通话和罗医生的播客《与医生面对面》了解他的真知灼见。现在，这本书将他的思想和理论汇编在一起方便读者阅读；在健康问题日益受到重视的今天，本书的出版恰逢其时，因为人们正在努力寻找新方式来建立联系、减轻压力、保持健康饮食，使我们的免疫系统处于最佳状态，同时让自己在晚上睡个好觉。

如何锻炼身体、喜欢吃什么食物、睡眠时间长短、如何应对压力以及为建立高质量人际关系做出努力，所有这些因素都会影响我们的幸福感。希波克拉底早在许多个世纪前就谈到了这些重要因素中的前两个，他曾说："散步是人类最好的良药。""如果我们能给自己提供适量的营养，锻炼身体，不要太少，也不要太多，我们就会找到最安全的健康之路。"

越来越多的研究支持这些说法。过去几十年的研究发现了睡眠是如何影响我们的身体和大脑的，缺乏睡眠又会带来怎样的痛苦。睡眠会影响我们生活的方方面面和体内的各个器官，从我们渴望获得和摄入的食物量到我们体内的胃促生长素（ghrelin，一种增加食欲的激素）分泌水平。至少从1988

活出生命力

年开始，精神科医生和心脏病专家就对压力如何影响心脏产生了浓厚的兴趣，当时艾伦·罗灿斯基和他的同事就证明了精神压力与室壁运动和心肌缺血的关联。事实上，这项研究促使我开始研究精神压力对室壁运动和心电图读数（EKG reading）的影响。具体做法就是让被试者计算一个数连续减去7若干次之后的得数，这是在痴呆评估中常用的一种测试方法。

在不同的年龄段，我们的社会关系也会对我们的生活产生深远的影响。我的父亲52岁时心脏病发病并患上中风，正是他的经历让我走上了医学道路，此后我一直在不断探索如何预防和治疗心脏病发病及中风。生活方式医学的六大支柱（运动、健康饮食、睡眠、抗压能力、社会关系和避免滥用危险品）都有助于我们保持健康、提升幸福感。

根据《韦氏词典》的定义，"活力"首先是指"生动活泼或精力充沛的特性"，其次是指"事物持续生存、取得成功的力量或能力"。活力就是健康，而且不止于此。正如马克·罗医生在本书中所说，关注我们的身体、思想、心灵和灵魂，可以令我们更敏锐地感受到活力。本书作者邀请读者深入探索这些领域。由于每个人都是独一无二的，每一位读者也都将会以自己的方式来阅读本书，马克·罗医生的这本书会帮助我们找出提高自己活力的独特要素。

能够成为马克·罗医生的同事和朋友，我感到非常荣幸和高兴。我相信你会喜欢本书，因为他的书可以帮助你脱胎换骨，拯救自己的生活，最重要的是，为自己的日常生活和漫长人生增添活力。

贝丝·弗拉特斯

医学博士，美国生活方式医学院院士，美国生活方式医学委员会认证医生

致谢

俗话说,养育一个孩子需要整个村庄的支持,而写一本书的确也需要支持。对我来说,大部分的支持是无影无形的,因为我几乎没有告诉任何人我开始写书了。这让我心无杂念地自由写作,不受干扰,也不会被问:"这本书什么时候能完成?"然而,有一些人在默默地鼓励着我,他们的声音我听得很清楚。

雷·辛诺特是我的朋友,他负责管理我住所附近美丽的康格里夫山花园。他热情的邀请让我对自然世界和正念环境更感兴趣。我经常沉浸在这个极具生机的空间中,激发自己的创造力,我对生命力越发好奇。

我已故的父母布伦丹和杰拉尔丁给了我生命中最好的开始:一个充满爱的家庭和良好的教育。我非常想念他们,希望能向他们展示本书。我知道他们仍然在"那里"守护着我,在宁静无声的时刻,我能清晰地感受到他们的存在。

玛格丽特,一位年迈的病人,尽管身体健康状况不佳,却精神饱满。她几年前读过我的《幸福的处方》一书,她问我何时再写一本书,这激发了我创作的灵感。谢谢你,玛格丽特,谢谢你温柔的鼓励。

向我的众多勇敢采取行动、更积极地参与守护自身健康活动的病人致

活出生命力

意,我心怀感恩。你们激发了我的使命感,鼓励我更广泛地传递积极健康的观念。

当然,我同样感恩科学的恩赐以及在医学事业中做出如此多贡献的前线工作者。直截了当地说,我非常感恩罗·克里文医疗机构中我出色的同事和团队,在过去几年中,你们的忠诚和奉献对我至关重要。我要向你们所有人表示衷心的感谢,特别是我的执行经理朱莉。特别感谢吉尔图书公司团队的专业精神,尤其是雷切尔·汤普森、萨拉·利迪、特蕾莎·戴利和克莱尔·奥弗林。

来自哈佛大学医学院的贝丝·弗拉特斯博士为本书撰写了前言。贝丝是生活方式医学运动的真正先驱。

多伊尔安·奥利里博士慷慨地支持、认可我对积极情绪的观点。

在我的每周播客《在医生的椅子上》中,那些不拘一格的嘉宾以各自的方式鼓励、支持我,引发我深入地思考。我对你们每一个人都心怀感恩。

最后,感谢我的妻子埃德尔,感谢我的孩子马尔科姆、托尼和莉迪娅,感谢他们给予我的一切帮助。

目 录

序章 001

第一部分 活力之心 031

感恩的艺术 033
心怀感恩的好处 038
感恩的科学 041
感恩的处方 047

善良的行为 048
善念的科学 050
善念的好处 052
善念的处方 055

负面效应 063
负面情绪的科学 064
地下室：洞穴 064
扩建一：小屋 065
扩建二：温室 066

扩建三：智能住宅　　　　　　　067
　　积极态度的好处　　　　　　　072
　　积极心态的处方　　　　　　　078

第二部分　活力之体　　　　　081

睡眠：天然的"活力药丸"　　　083
　　睡眠的科学　　　　　　　　　086
　　睡眠的好处　　　　　　　　　088
　　睡眠的处方　　　　　　　　　095

心灵运动　　　　　　　　　　　101
　　运动的好处　　　　　　　　　102
　　锻炼的科学　　　　　　　　　110
　　运动的处方　　　　　　　　　115

用心进食　　　　　　　　　　　120
　　用心进食的好处　　　　　　　122
　　饮食的科学　　　　　　　　　123
　　用心进食的处方　　　　　　　135

第三部分　活力之魂　　　　　141

目标：寻找你的目标　　　　　　143
　　目标的好处　　　　　　　　　145
　　目标的科学　　　　　　　　　147
　　目标的处方　　　　　　　　　151

冥想：内在的钥匙 158
冥想的科学 162
冥想的好处 165
冥想的处方 170

绿色活力：复兴自然 173
自然的科学 176
自然的好处 179
自然的处方 182

第四部分　活力之思 193

正念存在 195
存在的科学 196
存在的好处 200
正念的处方 205

正念选择 216

选择你的回应 225
你的故事处方 229

正念成长 232
恢复力的好处 233
恢复力的科学 235
恢复力的处方 240

结语 250

序章

如果知道能活这么久,我一定会对自己更好一点。

——尤比·布莱克

我的人生使命不仅仅是生存,更是茁壮成长;同时要有少量激情、几分怜悯、一点幽默和些许独一无二的风格。

——马娅·安杰卢

想象一下,本应感到疲倦和精疲力竭的时候,你活力充沛、精神焕发。你能更好地抵御炎症、病痛和暗疾。你的免疫系统得到强化,这增强了你抵御感染的自然抵抗力,同时有助于减缓年龄增长带来的退化。你的健康寿命(保持健康的年数)得到延长,比同龄人更有活力。你的潜能得到最大程度的发挥。

当你清醒地意识到这一切可能发生时,你的大脑会更加专注和清晰。你做决策时会格外清醒,变被动反应为主动应对。清晨醒来,你会对新的一天充满热情和信心,全身心地投入到当下,在生活点滴中发现快乐,在日常经历中体会从容不迫的感觉。你会觉得自己富有创造力,感官和感受更加敏锐，与他人的联系更加紧密。你不那么在乎"我"，而更在乎"我们"。你会选择花更多时间待在有益于健康的环境中。你的精神能量将高涨，会从内心深处感到凤愿得偿、心满意足。你知道，你所做的一切——更重要的是，你存在的意义——真的很重要。鼓舞你前进的是清晰的目标和明确的意义。

对我来说，这些要素构成了"充满活力的生活"的精髓：有机会思考、感受到并成为最好的自己。作为一个词，"活力"被定义为"旺盛的体力或精神力，某人具有旺盛的活力"，也可以被理解为"某人有能力生存，有能力过有意义或有目标的生活"。对我来说，"活力"是用一种生机勃勃的方式定义了"幸福"，它包含这些要素：情感、身体、思想、精神和联系（在人际关系和环境方面）——当然，明确的企图心是这一切的基础。

在古罗马，西塞罗提到，哲学教导我们要"做自己的医生"。对我来说，这代表一种关怀自我的开明理念——它所涵盖的内容远远超过个体，包括你如何与他人保持联系并关爱他人。关爱他人与在情感、身体、精神和思想等方面关怀自我相辅相成，我认为这是让生活充满活力的最佳方式。

作为一名医生，在我迄今为止的职业生涯中，我对健康的理解可以用一句简短的话来概括：万事万物都是相互联系的。我发现情感、身体、精神和思想等方面的健康，以及人际关系、环境和使命感，都会以一种相互关联的协作方式影响你的活力。它们会影响你存在的意义，以及你会成为谁。微小而积极的改变会对其他方面产生倍增效应，随着时间的推移，会造成巨大的差异。是的，我已经说过了，但值得重复的是：一切都是相互联系的。

就在我写下这些文字的时候，世界仍在经历巨大的变革和大规模的破坏。结果就是：不真实的压力和恐惧，生命休眠的感觉，伴随着经济争端和对不确定未来的担忧。我非常敬佩那些能够微笑面对逆境并保持坚强的人。我相信，从承认并接受自己真实处境的那一刻起，你就开始触底反弹了。面对并拥抱逆境，会带来成长。否认或压抑情感，只会带来更多的痛苦。接受，然后从这个新起点出发，一步一步，一天一天向前迈进。

虽然许多人的日常生活因为疾病发生了改变，但鸟儿依然婉转歌唱，太阳依然在每天清晨升起，大自然一如既往地美丽和生气勃勃。对我来说，独自在大自然中沉思的时间是一份真正的礼物——我的感官、精神和对创造性联系的感知都会从中受益，它让我有了新的领悟，也向我提出了新的问题。

作为一名家庭医生，某些疾病对人们的影响超乎我的想象，从我与他人、病人和我自己的对话，到质疑和重新评估什么是最重要的。在这些对话中，有一个共同的主题：良好"健康"的重要性，包括情感、身体、精神、思想和联系。简言之，就是充满活力的生活。

从某种意义上说，我用本书来讲述身患疾病者应采取的生活方式。这是一种范式的转变，从你失去了什么，到你如何成长为自己健康的积极参与者——而不仅仅是一个被动的医疗保健消费者。要学会推己及人，更多地去同情、关怀和考虑他人的需求。要明白，无论什么时候，你都可以选择应对疾病的方式，要去选择更有活力的生活。

你的活力标志

为了踏上旅程寻找更有活力的生活，你首先要找出自己的起点。这就是我的"活力标志"（vitality mark）的用武之地，它是一种"即时"在线评估你当前健康状况的主观方法。问卷分别对你的五个活力领域——情感、身体、精神、思想和联系——进行评分，并给出一个活力评估的总分：你自己的活力标志。

你的个人得分可以提示你现在最需要关注哪一领域。或许是你的体力或注意力，或许是你的使命感。不管是什么，现实是每个人都有不足之处。我们并不追求活力标志完美，而是追求进步。经过考量才会有所进步，最微小的行动也比最微小的意愿更有说服力。

然而，也许最重要的是要记住，万事万物都是相互联系的。这是运用活力标志至关重要的原则之一，也是为什么提升活力是一件牵一发而动全身的事情。活力标志可以帮助你掌握自身健康的主动权，让你在这个世界上展现出更多的活力。归根结底，活力标志这一健康工具可以让你发现并努力养成有益的生活小习惯，这些习惯会在你关怀自我的旅程中为自己保驾护航。你承诺要让生活充满更多活力——这种改变永远不嫌晚。

通过我在线上评估中使用的样题，现在让我们试着初步了解你的活力标志。请你仔细阅读以下陈述，判断是否同意这些说法。然后试着想一想，根据你的答案，你的生活在哪些方面可以更有活力。

情感

○我的生活中有许多吸引自己投入的人和事。

○我对未来感到乐观。

○我从未感到孤独或被冷落。

○我大体上满意自己的生活。

身体

○我每晚睡8个小时。

○我每周至少进行150分钟中等强度的运动（可以说话，但不唱歌），或者每周至少进行75分钟高强度的运动（既不说话，也不唱歌）。

○我每天都有规律地运动。

○我吃各种植物性食物（菜豆、豌豆、扁豆、蔬菜、水果、全谷物食品、坚果和种子）。

精神

○如果我的人生可以重来，我几乎不会有所改变。

○我每天都花一些时间独处或静默。

○我的价值观是我做出选择和决定的重要指南。

○我觉得生活很有意义，有清晰的目标。

思想

○我每次只关注一件事，不会由于电子邮件、短信或社交媒体而分心。

○我用写日记的方式进行反思。

○学习新知识对我很重要。

活出生命力

○我觉得从工作中抽身很容易。

联系

○我感到疲惫不堪。
○我经常到大自然中。
○我花足够多的时间陪自己的朋友们。
○我重视关照自我。

这只是我活力标志评估中一份简略的样本，也没有统计分数，但每一个主动思考这些问题的人都可以从中受益。而且正如我所说的那样，测评的目的是让自己进步——因此，在你读完这本书后，再翻回到此处看看你的答案是否有所改变，这样你可能会有所斩获。

安享晚年

知识需要我们关注答案，而智慧更需要我们关注提出正确的问题。结合科学的客观数据与我作为医生的主观经验，我认为提出正确的问题前所未有地重要。这些问题包括：

○为什么人们会感受到有害压力和焦虑？
○为什么很多人会忽视关照自我的需求？
○人都会变老，为什么有些人却没有衰老的感觉？

世界卫生组织指出，全球三分之二或更多的疾病很快将会是生活习惯的苦果。目前，美国人的主要死因都与生活方式有关：饮食不当，缺乏锻炼，肥胖，吸烟和饮酒过度。

近几十年来，西方世界的生活习惯引发了海啸般的慢性疾病，从糖尿病、痴呆到心脏病等，数不胜数。焦虑、成瘾和心理健康问题泛滥，比以往任何时候都多的人在寻找人生的目标和意义。传统保健医学一直信奉"药到病除"，同时顽固地认为老龄化等同于退休和随之而来不可避免的衰老。

当病人来到我的诊所就诊时，电脑记录会告诉我他们的"年龄"和出生日期。当然，没有人能改变电脑显示的这个数字。你的出生日期或实际年龄是固定的——对你，对我，对我们所有人都是如此！但我所说的生理年龄——你生命时钟上的里程——就是另一回事了。这么多年来我一直感到好奇，为什么年龄相近的老人的健康状况会天差地别。难道仅仅是运气不好或遗传因素导致的吗？

事实上，丹麦一项关于双胞胎的研究给出了答案。该研究发现，同卵双胞胎的健康差异只有约20%是由遗传因素造成的，其余80%与环境和生活方式的差异有关。[1]

在医学院里，我们学到我们的DNA是不可触动、不可改变的。生物蓝图决定了我们的命运。虽然一个人的部分基因组确实是固定不变的，但也许高达80%的基因表达方式被你的"表观基因组"（epigenome）

1　A.M. 赫斯金德等人（1996）。《人类寿命的遗传性：基于2872对出生于1870—1900年的丹麦双胞胎人群的研究》，《人类遗传学》，97卷（3期），319—323。

所控制。希腊语中 epi 的意思是"在……之上",所以表观遗传学（epigenetics）本质上是对遗传学之上的东西的研究。表观基因组是由蛋白质和化学物质组成的一道保护层,支撑、保护和修饰着你的每一条 DNA 链。它可以像电灯开关一样打开或关闭,也可以像恒温器一样进行调节。此外,表观遗传在很大程度上受到你生活方式的影响。因此,假定一切顺利,再加上一点好运气（这总是有帮助的!）,在生物极限范围内（就年龄而言,大多数人的生物极限是 100 岁左右,极少数人可达 120 岁）,那么在所有条件都相同的情况下,最健康的生活方式可望最大限度地延长你的预期寿命。

换句话说,你的基因表达（排除遗传条件）很大程度上由你自己控制,你每天在什么样的环境中选择什么样的生活方式,你的基因表达会随之发生变化。以有益于健康的方式发挥出表观遗传的潜能,有助于延缓衰老、增强活力、使新陈代谢正常化,并降低罹患多种慢性疾病的风险。在我的诊所里,我每天都能看到表观遗传在发挥作用,我遇到的人看起来比他们的实际年龄要老得多（或年轻得多）。事实上,许多 85 岁以上的"老人"在生物学上要年轻得多（最多 75 岁）。这与我刚开始执业时的状况有很大的不同,当时很少有人能活到 85 岁,更不用说在那个年龄保持健康了。关键在于你有两种年龄——实际年龄和生理年龄。我从自己的经验中学到的是：生理年龄深受生活方式的影响。

由美国杜克大学领导的达尼丁（新西兰南岛东南部海港城市）研究跟踪调查了 1972 年和 1973 年出生的近千名新西兰人,计算了他们 38 岁生日之后的生理年龄。虽然目前测量生理年龄还没有一种权威的方法,但研究人员测量时采用了 18 种不同的生物标志（包括牙齿健康状况、胆固醇水平、大脑健康状态、眼底血管情况），又进行了包括平衡能力和肌肉力量在内的其他测试。研究人员发现，虽然大多数人的生理年龄每过一个自然年就会增加一岁，但有些人的生理年龄增长起来却要慢得多或快得多。参与者的生理年龄从28岁到61岁不等。某些受试者每过一年生理年龄就会增长3岁，他们不仅看上去更老，而且有大脑老化和全身机能衰退的迹象。

"蓝色地带"是世界上的长寿地区，在那里，长寿是一种普遍现象而非例外，比起其他地区，这里的人有三倍机会活到100岁。在这里，人们不仅仅是努力保持健康或者长命百岁，而且就一个人的各个方面来说，他们90岁以后仍然精力充沛。事实证明，这些地区的居民有许多共同点。这些特点包括：以植物性食品或地中海饮食为主，经常运动和锻炼身体，能够化压力为动力，除此之外，还享受友情，融入社区，目标明确，富有活力。这些地区包括哥斯达黎加的尼科亚半岛、意大利撒丁岛的巴尔巴贾地区、日本的冲绳岛和希腊的伊卡里亚岛。

虽然我们中并没有多少人可以选择移民到这些地方，但你不必移民也能长寿。前景广阔的科学门类"生活方式即良药"能够整合积极的健康原则，再配合我的实用小贴士，你就能在日常实践中拥有更多的活力，更长久地保持健康。

生活方式即良药

"生活方式即良药"这种观念是非常古老的。希波克拉底（"让食物成为你的良药，让良药成为你的食物"[1]）或西塞罗（"唯有运动才能支撑精神，令思想保持活力"），以及其他许多人，都认为良好的生活习惯有诸多好处。托马斯·爱迪生离我们的时代更近，他写道："未来的医生不给病人开药，而是鼓励病人关注身体护理、饮食以及疾病的成因和预防。"这在未来会成为现实。生活方式医学的原则在全世界范围内得到了切实的推广，支持它的科学证据也越来越多。这使得一种理念真正进入生活："好好照顾你的身体，就像你真的需要践行这种理念一百年一样。"

欧洲癌症与营养前瞻性调查（EPIC）涉及将近 25000 名男性和女性，该研究发现，拥有四种健康生活方式——不吸烟，体重正常，每天适量运动至少 30 分钟，多摄入蔬菜、水果和全谷物食品而少摄入肉类——可将罹患慢性疾病的风险降低 78%。哈佛大学公共卫生学院的另一项研究发现，平均每天锻炼 30 分钟、从不吸烟、不过量饮酒、体重不超标、饮食健康的人平均可多活 12~14 年。[2]

"哈佛大学成人发展研究"项目进一步详细阐述了这些研究成果，列出了与健康老龄化相关的六个因素——运动、不吸烟（或过量饮酒）、健康的体重、有益的压力应对机制、稳定的情绪以及（在旧城贫民区）支持主动改变生活方式的教育。

面对老龄化的心态也非常重要。美国耶鲁大学的研究发现，比起消极的老龄观（感到失落和丧失活力），仅仅拥有积极的老龄观（将变老

---

[1] 编者注：此为作者误引，实际上这句话并不是出自希波克拉底之口。
[2] Y. 李、D.D. 王、K. 达纳、J. 舒弗、A. 潘、X. 刘等人（2020）.《排除癌症、心血管疾病和 2 型糖尿病的健康生活方式与预期寿命：前瞻性队列研究》，《英国医学杂志》。

视为获得智慧和新视角的机会）就能让你多活至少7年。[1]

健康的生活方式是增强生命力的帮手，这一观念多年来一直吸引着我。你所处的环境可以促进健康，也可以损害健康——不仅是你工作和生活的外部环境，还有思想和情感的内在环境。所有这一切的基础都是一种强烈的决心：知道自己在做什么和自己是谁，真的非常重要。

作为一名医生，我本质上是一名受证据左右的科学家。对我来说，这有两个相互关联的独立要素。首先，我重视随机对照试验和其他客观研究，其中一些我已经提到过。其次，我同样重视主观经验，即我每天在诊所里看到的情况，以及我提出的改善健康的建议和计划如何发挥作用。

实践出真知

这让我想到了约翰，一个典型的躲避医生的爱尔兰男人。我第一次见到他时，他已经70岁了，按照法律规定，他必须去看医生，体检合格后才能为驾照续期。虽然他的妻子多年来一直定期到我们诊所就诊，但这是我和他第一次见面。这是约翰"有记忆以来"第一次看医生。尽管他持有医保卡，可以享受免费医疗服务，但这显然不足以吸引他偶尔去做检查。

省去了驾照续期的例行公事，我深入了解了他的生活方式。他久坐不动，不做任何值得一提的运动，一天到晚很少活动。他的饮食习惯很

---

[1] B.R. 利维、M.D. 斯莱德、S.R. 孔克尔和S.V. 卡斯尔（2002）。《对衰老的积极自我认知提高了寿命》，《个性与社会心理学杂志》，83卷（2期），261—270页。

差，经常吃高盐高脂肪的外卖食品，周末还要喝掉"几大箱啤酒"。丝毫不令人意外，他的血压会升高。他看上去确实就是个70岁的老人。但从生理机能的角度看，他至少77岁了。

"至少你不抽烟。"我委婉地劝说他做一些简单的血液化验，并约定在一周后进行复查。结果如我所料：一颗定时炸弹。血压高。总胆固醇和低密度脂蛋白（坏）胆固醇高，血脂高，高密度脂蛋白（好）胆固醇低。血糖高，糖化血红蛋白测试（HbA1c）显示他有糖尿病。肝功能检测结果异常，显示有脂肪肝。尿酸高，预示痛风即将发病。腹围达到44英寸（约112厘米）。确认他患有代谢综合征，这种病会大大增加罹患中风、心脏病和糖尿病的风险。我不知道该从何下手！

"老实说，约翰，"我说，"你需要控制自己的血压、糖尿病和胆固醇。我们是在说一天至少要吃6片药，这还只是开始。但还有另一种选择。虽然不能完全保证，但如果你能比较彻底地改正生活方式，那么至少可以避免部分药物治疗。"

令我真正感到惊讶的是，约翰说他正想要这么做。我们聊了一下接下来需要做的事情，开始执行一个90天的简单行动计划。不再成箱地喝啤酒，尽可能多运动，吃不含添加剂的天然食物，多吃蔬菜和水果，最重要的是，坚持到底。如果偶尔破了戒，不要担心，只要尽快回到正轨上就行。关注进步，不要追求完美。

按照计划，约翰一周后复查了血常规，之后不用提醒，他自己就来复查。初次见面6个月后，他的检查结果好得令人吃惊。糖尿病得到控制，肝功能正常，血脂和胆固醇恢复正常，尿酸正常。检查显示，他的血压下降了，腹围减少了4英寸（约10厘米）多。他说自己感觉很好，精力充沛多了，情绪也有所改善。值得注意的是，他的主观幸福感（根据他的感受为情绪打分，分值在0~10之间）是7分。我第一次见到他时，他说是5分（不是抑郁，但肯定是无精打采）。他说他睡得更香了，早上醒来时不再感到疲倦。也许最重要的是，他看起来棒极了——年轻了许多，身上充满了真正的活力。

在我提出建议之后，约翰到底做了什么？这正是我感兴趣的地方，因为行动胜于雄辩。约翰说干就干。他购买了大量新鲜蔬菜，只吃自己厨房里做的食物。他经常煮蔬菜汤和炖菜，加入大量切碎的红薯、鹰嘴豆和扁豆，使味道更加浓郁。晚上6点以后，除了喝一些花草茶，他坚持不再进其他食物。他保证饥饿时绝不点外卖，不再买"只是为了款待客人"的点心。不再一箱箱地喝啤酒。开始步行，首先不再开车，而是走10分钟左右往返当地商店，其次养成步行的习惯，最后他平均每天步行约12000步。也许最重要的是，他听从我的建议，买了一辆健身自行车。他可以一边锻炼一边做自己最喜欢的事情——在晚上看电视。很快他每天都要骑一个小时甚至更久的自行车。他还在日常生活中进行很短时间的锻炼。坐着看电视时，他坚持在广告时间站起来走动走动。

我很高兴能和约翰共同庆祝他取得的成就。与其说是庆祝血液检查结果，不如说是庆祝他选择成为塑造自己健康身体的积极参与者，而不是做一个被动的医疗消费者，约翰的投入起到了决定性的作用。此外，他还谈到自己现在是如何积极鼓励妻子改善健康状况的。我目睹了积极改变生活方式是如何产生连锁反应的。

从那以后，约翰和我开玩笑说，他成了积极改变生活方式的"代言人"。我为认识约翰并与他一起努力改善他的健康状况而感到自豪。改变一生的习惯绝非易事,却非常值得,尤其是在涉及你最大的财富——健康的时候。

昨日重现

传统的健康概念是从疾病的视角来定义的:如果你没有生病或者并无不适,那么你就非常健康。依我的理解,健康远远不止是没有疾病。保持健康是一份无价的礼物,也是最珍贵的礼物。70多年前的1948年,世界卫生组织在一份声明中将健康定义为不仅仅是没有疾病,更是一种身体、心理和人际关系全方位幸福的状态。不幸的是,这个声明尘封已久。直到最近,医学界的一些人士才开始被世界卫生组织的这一定义"叫醒"。

在生活中,我们的亲身经历会塑造我们的观念。对我来说,2008年金融危机的影响从根本上改变了我对"健康"的看法。在我的行医生涯中,有许多人因恐惧、经济压力和其他有危害性的压力来找我,我很快就发现,人们需要的不仅仅是药片,还有我所说的现实乐观主义——认识到通过自己的努力,可以让事情变得更好。也让我明确一点:这并不是贬低或嘲笑许多健康问题(包括抑郁和焦虑)中药物治疗不可能发挥的作用。情况恰恰相反,人们越来越意识到,仅仅靠药物本身是不够的。虽然谈话疗法非常有价值,但当时只有付费才能接受治疗。这是我的顿悟时刻,启发我去研究其他方法来支持那些全力挣扎或忍受痛苦的患者。我热衷于更进一步了解积极心理学干预的潜在好处,以及如何开出"积极改变生活方式"这一"药方"来促进更多人获得健康和幸福，提升他们的日常生活体验。

为了更好地领悟这一真理，我需要回顾过去以展望未来。2017年，根斯勒（一家全球性建筑、设计和规划公司）邀请我去美国华盛顿特区的总部访问数天，以健康为主题向他们的客户和员工演讲。在那期间，我与某人进行了一次发人深省的对话，从而第一次接触《道德经》，这是一本老子写成的中国古典著作。我之前听说过老子（他的名言是"千里之行，始于足下"），但《道德经》的内容对我来说完全是新领域。回到爱尔兰后，我立即购买了一本《道德经》，想了解更多。

"道"可以追溯到先秦时代，它实际上涉及一种存在方式，在世界上，"存在"而非"知识"或"拥有"，是最高的法则。我的关键结论是，"道"主张内在的完整、平衡、调和，以及如何与自然及你所生活的世界和谐相处。它强调单纯、普遍的同情心和谦逊的重要性，从而突显了情感能量与身体、精神和心理能量的相互联系。换句话说，它展示了影响你健康的各个要素彼此之间的联系有多么紧密。

牢记这一古老的哲学，我开始再次展望未来，欣然接受表观基因组的环境，培养有益于健康的生活习惯，让生活更富活力。也许我在"老套路"上花费了很多年时间，才开始意识到这个新现实，但正如人们所说，迟到总比不到强。更妙的是，一旦你以不同的眼光看待事物，就再也无法回到老套路了。

个人的反思，多年来对患者的专业观察，以及与患者的互动，让我对活力的概念有了更深刻的认识。这就是本书的主题：给我一个机会，与你分享我迄今为止所学到的知识、技能和思维，帮助你调整自己的习惯，使你更好地保持健康和恢复活力。反过来，你也可以更积极地影响你周围的人，同时乐在其中。

本书使用指南

对你来说，也许现在最重要（甚至是唯一）的问题是：为什么要读本书？无论你是在为自己的健康而努力，还是只想进一步提升自己的活力，本书都适合你。

本书分为几个部分，可以按顺序阅读，也可以单独阅读其中某一部分。我承诺：你将学到一些基于科学的策略和建议，以提高你生活的活力。本书讲述的是那些自内而外、持久的微小改变。这种改变不是天翻地覆的，你只需理解：从小处着眼会产生潜能，随着时间推移，积极的微小变化能够促成真正的改变。

本书分为四个部分：活力之心、活力之体、活力之魂和活力之思。正如我之前所说，我相信我们健康的各个方面本质上是相互联系的，而本书的每个部分将聚焦你生活的相应领域，提供可以改善该领域的策略和技巧。我还在本书中收录了一些案例研究，借以说明这些概念如何在我的实践中发挥作用——这些都是病人的真实案例，他们从改变生活方式中获益。

在本书的某些版块，我会要求你进行个人反思。要想真正明确自己的目标，将纸上的计划变成现实，写日记的习惯是非常有用的。通过写日记，你的观察会更加客观，看待事物会更加条理分明，同时可以评估自己的进展。如果能提前规划和适当地准备，美好的愿望转化为行动就更加容易。举例来说，反思一下自己以往的哪些做法有效、为什么有效，这会让你受益良多。比如，下一次哪些地方可以做得更好，如何做到；哪些情况、人和环境可以支持（或者阻碍）你想要的改变。

每周都用这种方式进行回顾，你的经历可以成为最好的学习课程。为了过有价值的生活，你必须持续不断地做出改变，达成改变的最佳途径也许就是：借鉴自己以往的成功和"失败"，为成功制订计划，同时预见可能的障碍和挑战。准备不足，就要准备失败！

以"活力"视角观察生活有很多好处。你会思考、感受，进一步逼近自己创造力的巅峰，把更好的自己展现给世界。

实践出真知

最近我的一个病人理查德让我清楚地看到了这一点，他来找我做了一系列生活方式咨询。他使用了我的健康评估工具，总得分为百分制的60分——相当不错，但还有很大的改进空间。根据他的回答，活力标志向他提供了一份书面PDF文件和具有针对性的视频资源。建议之一是让他坚持写书面日记。

自从几十年前从学校毕业，不用再写作业以来，理查德就再也没有定期写过任何东西。然而，现在他好奇坚持写书面日记有什么潜在好处，这种做法被称为"纸上思考"，深受古代哲学家的喜爱，尤其是因为它不会让你花费太多时间，每天只需要几分钟。理查德开始写下他每周运动和饮食习惯方面的主要健康目标，然后只要关注每天的实际情况即可。

有趣的是，大脑负责执行和写作的区域位置相邻，这就是为什么把目标写下来如此有用。行动胜于雄辩，其他行动理所当然也和写下来一样有效。理查德想摸清自己计划落实得怎么样，关键就是要每周回顾自己的进展。他想要了解自己哪些方面做得好，为什么做得好，还有哪些做得不够好，让自己的经验成为未来改进的模板。更好地了解自己，他才能更好地把握自己离预定目标还有多远，以及哪些人、地点、环境和情况有利于实现自己的健康目标。养成自我反思的习惯后，理查德的身体情况持续好转。用他自己的话说，他"越发清楚地了解自己每天真正做了什么，只要加强主动性，随着时间的推移，自己自然会变得更有活力，饮食会更健康。写日记这样简单的主意，能产生巨大的影响，至少对我来说确实如此。我强烈推荐所有人都试一试，看看是否对自己有效"。

活力之手

我开发了"活力之手"模型这种实用的方法。首先，让你更充分地理解活力是多种因素相互影响的结果。其次，它提醒你想拥有更多活力应当返璞归真，假以时日，微小的改变就能带来巨大的改善。活力的一个要素中的微小的积极改变，会给其他要素带来多重好处。看看你自己的手：当你阅读下面的说明以及通读本书时，试着想象每个要素如何各安其位。"活力之手"模型让你有机会充分了解自己，发现模型中对你最有效的要素。

○小指：活力之心

小指代表情感的本质，是活力之心。它的三个部分是感恩的艺术、善良的行为和澎湃的情感能量——消极情绪的解药。

○无名指：活力之体

无名指代表身体的能量，或者说活力之体。它的三个部分分别是恢复性睡眠（restorative sleep）、锻炼和精心规划饮食。

○中指：活力之魂

中指代表精神的本质，是活力之魂。它的三个部分分别是目标、冥想和自然。

○食指：活力之思

食指代表精神能力，即活力之思。它的三个部分分别是正念存在、正念选择和正念成长。

○大拇指：自我关爱

大拇指提醒我们自我关爱是必不可少的。它的两个部分分别是自我保健和关爱他人。当你向他人伸出手时，拇指的根部指向自己，强调了自我保健十分重要；照顾好自己，才能开始持续地支持你生活中的其他人。

○手心

手心代表目的，它位于中指的根部，连接你的手心，让你意识到真实有多么重要。真实的连接让你与自己原初、未经修饰和真正的本性相互交融。

○指纹

你的生命之手有独特的指纹——你自己的！这提醒你，你是独一无二的个体，两个人的指纹完全相同的概率不到 640 亿分之一。你是否意识到自己有多么独一无二呢？

活出生命力

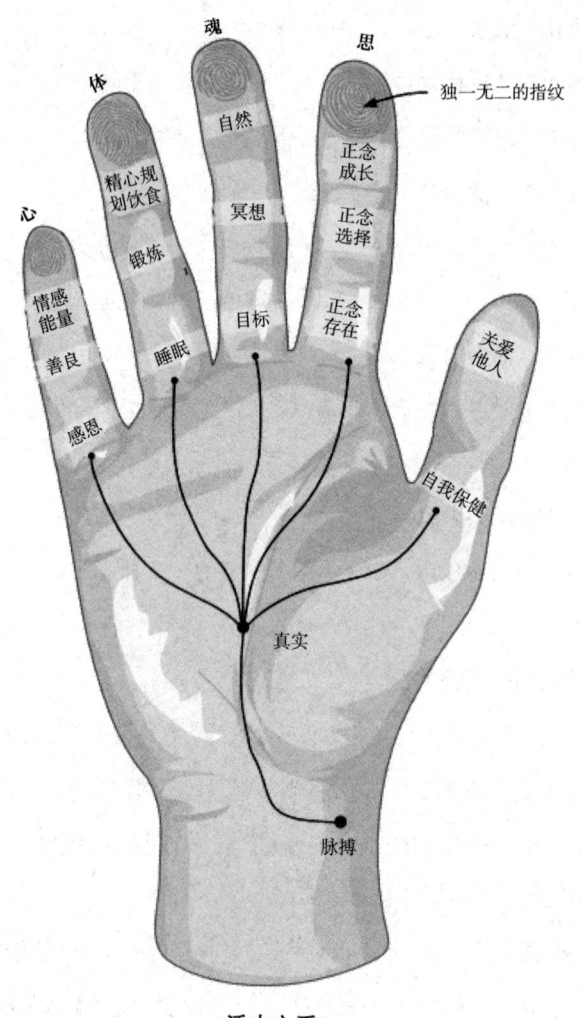

活力之手

○你手周围的区域

你手周围的区域代表你所处的环境。这些环境可能有益于健康,也可能有害于健康。它们可以影响你的情绪、身体、精神、思想,甚至影响你对自我的关爱，影响你与他人的联系。

你的另一只手代表生活态度和情绪的感染。因为谁在现实生活中或互联网上与你相处的时间最长，你大脑中的镜像神经元就会让你受到谁的影响。情绪感染意味着情感的传播可以实现三度分隔。

○ 脉搏

脉搏意味着通过活力各要素的相互联系，你能够为世界带来活力和正能量。这提醒我们要成为自己健康的积极守护者，而不仅仅是医疗保健服务的被动接受者。

○ 运动

你的手可以张开和闭合，弯曲和伸展，旋前和旋后（旋前和旋后作为医学术语，用来描述手掌向上旋转或者向下旋转）。这表明你的活力既不是一成不变的，也不是死气沉沉的，而是可以不断变化和改善的。

缩小愿景与现实之间的鸿沟

安妮·弗兰克写道："我们选择了我们的生活，首先我们做出选择，其次选择塑造了自己。"你培养的自我关爱习惯和日常选择积少成多，进而影响你成为什么样的人。这种影响有可能是好的，也有可能是不好的（不幸的话）。也许这就是为什么在生活中做出持久的改变如此具有挑战性，因为思考、感受和做事时你更倾向于延续过去的模式。我相信把思考、感受、行为和表现联系起来是一个良机。如果你想为生活增添更多活力，你多半需要缩小"今日的我"与"更有活力的我"之间的差距——你的愿景与现实之间的鸿沟。

作为一名医生,我学到的最重要的课程之一就是:学到知识并不等同于付诸行动——在你能做和你实际去做之间,总是潜藏着愿景与现实之间的鸿沟。你可能会自欺欺人,认为将在未来某个时间养成更有益健康的习惯。没有必要急于开始,因为你在这个世界上的时间多的是。这种"明天再说"的心态会让改变困难重重。也许你很清楚自己可以改变,也许你应该改变,但你就是不这么做。此外,因为固有的生物编程(biological programming),你可能会积极抵制改变(即使是在潜意识层面上)。

你的大脑、身体和行为天生倾向于保持体内平衡,抵制变化。这是一种重要的生存机制:持续调整、重新校准数十亿相互连接的神经元和相关神经化学物质,它们不断互动,以维持体内的平衡状态。从血糖水平、体温到成千上万的其他生理过程,维持体内平衡或稳定是一种关键的生存手段。

问题在于,体内平衡无法区分好的变化和不好的变化。它抵制所有的变化。因此,想要积极地改变生活方式,是一件极具挑战性的事情。由于存在体内平衡,人们可能会产生大量的有害压力,抵制变化并引发自身的恐惧和焦虑。体内平衡意味着抵制变化是你的本能,让你待在舒适区里,相信保持以往的做法既安全又稳定,不需要面对新的挑战。现在,舒适区可能是个不错的地方,但是重要的事情从来不会在那里发生。

改变的最大好处之一,当然是生活会不断发生变化。每一天,你体内的数百万个细胞都在变化。你的红细胞每四个月就会变化一次,皮肤细胞每几天就会变化一次,甚至你骨骼中的细胞每年也会有10%发生变化。

但是，靠改变来缩小愿景与现实之间的鸿沟并不容易。俗话说，通往地狱的路是由善意铺成的。作为一名医生，我遇到很多人，他们知道如何改善健康、提升活力，或许也打算采取行动，但他们仍然无法弥合愿景与现实之间的鸿沟，把积极的改变落实到行动上。这道鸿沟对每个人来说都是真实存在的，并不意味着你软弱、懒惰或者品性有缺陷，仅仅说明你是一个普通人，人类有的一切你都有。

什么因素在阻碍你迈出第一步并开始行动呢？也许你认为这种改变并不那么重要——或许做了也不错，但现在并不需要。也许你感觉自己太忙、太累了，或者压力太大。也许你总是拖延，直到未来某个更合适或"完美"的时机到来。也许你没有意识到改变现在的行为模式有多难。

仅仅有改变的意愿并不足以带来期望中的变化。事实上，研究表明，在影响某些人是否选择健康饮食和运动的因素中，意愿只占25%左右。共识远远多于共同的行动！关于缩小愿景与现实之间的鸿沟，在我们继续讨论你取得成功需要采取哪些策略之前，请思考以下几个问题。

日　记

思考你想提升活力的某个方面。

○为什么你想这样积极地改变自己的生活？
○对你来说这种改变有多重要？
○你对成功有多大的信心？
○采取行动之前列出三个令人信服的理由。
○这种带来活力的新习惯对你的生活有什么好处？

○以前你的哪种做法有效果？为什么？

○这次有什么更好的办法？

○你将抛弃以前的哪些借口？

○为了履行新的诺言，你将如何重新设计你家里或工作的环境？

○谁能（在现实生活中或互联网上）帮助和鼓励你，让你变得更加坚强？反过来，你又能帮助和指导谁呢？

○你打算如何衡量和庆祝成功？

○为了朝你设想的方向前进，你能迈出的最小步骤是什么？

关于愿景与现实之间的鸿沟，有一句非洲谚语引起了我的共鸣："如果内心没有敌人，外界的敌人就无法伤害你；虽然你可以躲开身边的事物，但你无法逃避内心的存在。"

为什么你想积极改变自己的生活呢？正如人们所说，如果你知道为什么，那么做起来就会更容易。回答这些问题可以引发积极的改变。

这种改变对你来说有多重要，你有多大的信心能够实现它？激励性访谈的研究表明，针对这两个问题，如果你都能给自己打出至少7分（满分10分），那么成功改变的概率就会大大增加。[1] 如果对你来说并不重要，你为什么还要费心呢？如果你在"重要"的问题上打分低于7分，那么多了解一些预期变革的潜在好处，可能令你受益匪浅。这就是我写这本书的原因：针对生活方式，揭示一些可以让你更有活力的

---

[1] W.R. 米勒和 S. 罗尼克（2013）。《激励性访谈：帮助人们改变》（纽约州，纽约：吉尔福德出版社）。

策略。如果你在"改变的信心"的问题上打分低于 7 分,那么你想要成功,至关重要的是制订一个详细的计划。

你的个人处方

有一句非洲谚语触动了我:"如果你在逃避什么,就意味着有什么在追逐你。"如果你想做出长期的积极改变,尤其是想养成有益于健康的习惯和生活方式,恐惧通常无法成为一种能够助你成功的强大动力。害怕将来会得糖尿病或心脏病,不太可能让你今天晚上就离开沙发。同样,为了规避将来患上肺癌的风险,现在就要戒烟是漂亮的自我证明,但这不足以鼓励大多数吸烟者停止抽烟。甚至有些人想到肺癌本身,也可能会增强恐惧和焦虑,承受有害压力,于是又点燃一支香烟。如果有人心脏病发病,他们可能会在一个月内听从医生的建议。然而,过了那段时间,恐惧感会消失,你会适应"新常态",很可能恢复原来的生活习惯。

在我们开始行动之前,我想为你开出一些个人处方,帮助我们一起踏上这段旅程。把这些因素考虑在内,会增加你在充满活力的生活中取得长期成功的机会。

培养你的毅力。在伊索寓言中,兔子看不起步履缓慢的乌龟,于是乌龟向兔子发起挑战。比赛开始时,兔子以全速冲得远远的,遥遥领先于乌龟,于是它在中途停下来睡了一会儿。兔子睡了几个小时,醒来后发现乌龟已经接近终点线,尽管它竭尽全力追赶,但仍然无法赶上。

你呢？你更像乌龟还是兔子？你的生活方式更像一场马拉松，还是一段又一段的短跑？你能坚持自己选择的道路吗？被比自己年轻、强壮、跑步更快的人超过，你还会继续前进吗？在这个充满选择和诱惑的世界里，像兔子一样生活是很容易的。兔子迷信自己的天赋，心态僵化，不重视努力。乌龟则有毅力和开放的心态，强调"每次前进一小步"，以及长期不断的努力。

1940年，《时代》杂志介绍了"二战"期间芬兰人直面无情压迫时的勇气和坚韧精神。[1] 在芬兰，他们把这种特质命名为sisu（发音为see-sue）。这是他们的勇气、韧性和坚毅——一种内在的力量，坚忍不拔和不屈不挠的精神。超过80%的芬兰人在心理上欢迎sisu的生长。这演变为一种自我强化，象征着一种无法遏制的精神，这种精神源自面对逆境时的脆弱。作为毅力的化身，sisu可以成为一种强大的力量，但像一切事物一样，sisu也需要恰到好处的平衡点。过多的sisu可能会引起疲劳或倦怠，因此它必须与自我同情、共情和接纳保持平衡。

心理学家安吉拉·达克沃思在她的畅销书《坚毅》中给"坚毅"下了定义，面对一个极其重要的目标，坚毅是激情和坚持的结合，不计较是否被他人认可或者有没有获得奖励。坚毅的本质是七次倒下八次爬起，坚持不断地向前走。拥有明确的目标，浓厚的兴趣，不断练习、练习再练习。在舒适中感到不适，在满足中感到不足。坚毅会让人坚持不懈，强化自我管理，提高成功的可能性（也许在预示成功的因素中，坚毅的占比是智商的两倍）。坚毅让感情生活更健康，带来更多的活力。

---

1 《北方战场：Sisu》（1940）。

保持耐心，坚定不移。英国伦敦大学研究表明，平均需要66天才能养成一个新习惯，过了这个时间，坚持新习惯比放弃新习惯更容易。[1] 这意味着在这66天里，即使感觉太累、自认为太忙，或者外面在刮风下雨，你也要坚持锻炼。此外，你努力尝试改变，很多时候会在最初一两周的"蜜月期"后失败，你又会故态复萌，这就是为什么应对挫折的策略如此重要。你将如何应对挫折？你不是一台机器，也不仅仅是反映经济景气程度的主要标志。你是一个人，有自己的魅力和弱点，有缺陷，但从很多方面来看，你的不完美是完美的。在前进的道路上，遇到种种小阻碍不可避免。可以预见的是，（人、地点和情况）带来的挫折可能使你的新行动计划脱轨。针对这些挫折制订一个详细的计划，非常有助于你不偏离正轨。

寻求支持。在你发生积极变化时谁会支持你？加入一个有共同兴趣和共同目标的团体会令你受益无穷，同时能催生团体责任感。和谁一起度过岁月，这会极大地影响你的生活选择和健康习惯。事实上，像几千年前一样，大脑中的镜像神经元为了帮助你在充满危险和威胁的世界上安全存活，会促使你与相处时间最多的人养成一样的习惯、态度和举止——这种影响贯穿你的一生，而不仅仅限于青少年时期。所以，如果你与那些饮食健康、定期锻炼的人相处，你多半也会养成饮食健康、定期锻炼的习惯。反之，如果你花很多时间与生活习惯不太健康的人待在一起，你很可能也会养成一些不健康的习惯。此外，情绪极具感染性，

---

[1] P. 拉利、C.H.M. 范贾尔斯维尔德、H.W.W. 波茨和 J. 沃德尔（2009）。《习惯是如何养成的：模拟现实世界中的习惯养成》，《欧洲社会心理学杂志》。

你的情绪严重影响你的日常选择。这就是为什么有人在你身边鼓励和支持你，会让你受益匪浅。

思考意志力。传统意义上讲，意志力被认为是那些成功抵制诱惑、成功改变生活方式的人所佩戴的荣誉徽章。那些不能或不愿意拒绝诱惑的人被认为意志力较弱，或者被视作较为懒惰、不够坚定或在某些方面有所不足。但是，著名心理学家罗伊·鲍迈斯特在20世纪90年代末进行了一项引人注目的研究，引发了理解意志力范式的转变。在被称为"巧克力和萝卜实验"的研究中，三个彼此分开的小组的受试者被要求填写调查表，然后被带进一个单独的房间解答一道数学难题。其中两个小组的受试者在填写调查表时，面前有一碗（香气扑鼻的）巧克力曲奇饼和一碗萝卜。第一组受试者被告知他们可以吃萝卜，但不能吃曲奇饼，因为曲奇饼是为另一个实验准备的。第二组受试者被告知他们可以选择吃曲奇饼或萝卜。第三组受试者则没有零食可吃。15分钟后，每个小组的受试者分别被带到一个单独的房间尝试解答难题（受试者并不知道，这是一道无法解答的难题，心理学家想要看看每个小组能坚持多久）。结果显示，没有获得任何零食的小组和有曲奇饼、萝卜吃的小组，他们在解答难题时坚持的时间两倍于没法吃曲奇饼的小组（19分钟比8分钟）。这个小组坚持解答难题的能力受到了削弱，因为他们的意志力在抵制那些香气扑鼻的巧克力曲奇饼时已经消耗殆尽。这项研究强调，意志力是一种非常容易耗尽的资源，也许每次在坚持仅仅15分钟左右之后就会耗尽。想想日常决策中需要你展现意志力的许多方面——收发电子邮件、吃什么、做家务等——你就会开始意识到，为了更好地保护和管理你的有效意志力，提前计划、精简你的选择以提高效率是何等有益。

庆祝成功。最后，庆祝途中的成功非常重要。经常奖励自己，提醒自己已经许下了提升活力的新承诺。坚持不懈地改变并不容易，这需要消耗大量的精力。有句话说：人们往往高估自己在一年内能够取得的成就，而低估自己在五年内能够取得的成就。长期进步的关键在于坚持不懈。

那么，既然现在已经了解了将要建造的地基，我们就开始吧！

第一部分
活力之心

活力之心是感恩、乐观、开放和善良的——富有同情心和怜悯心。从本质上说，活力之心储备着积极向上的情感，能够让你在顺境中乘势而为，在困境中保持韧性，让你的个人生活和人际关系蓬勃发展。

有了活力之心，你的情绪会更加积极向上，感觉到满腔的热情，更富有创造力、好奇心，与他人的联系也更加紧密。你会放下过去，抛开那些对自己弊大于利的经历，欣赏现在美好的人和事物，期待更加积极的未来。

感恩的艺术

感恩让我们应有尽有。

——伊索

"感恩"一词源自拉丁语单词"gratis"，意为感激或感谢。请花一点时间思考一下现在哪些事情让你怀有感恩之心。这不仅是让你想想自己上次说"请"或"谢谢"是在什么时候。虽然礼貌很重要,但它更多的是指"有点感激",而不是真正的感恩。真正的感恩是一种意味深长的感谢,经过深思熟虑之后,有意识地向世界展示心怀感激的自己。重视那些微不足道的事情,全面考虑之后,你会发现这些小事并不小。

感激之情会随着你的心情不断变化,而感恩则是一种有意识的选择。正如从塞内加到西塞罗的哲学家所强调的,感恩是一种行动,一种关注和珍视、承认和赞赏他人行为的实践。要保证将你的精力投入到当前正在发生的事情中,而不是关注不在场和没有影响的事物。真正感恩的艺术在于,珍惜你现在生活中拥有的,而不仅仅是追求你想要的。当你想要某个自己已经拥有的东西时,你就会意识到它的价值,而不是贬低它。当你珍视某样东西的价值时,你就不太可能认为拥有它是理所当然的。

感恩的实践创造了一种上升的幸福螺旋,你看到的好事越多,就会看到更多的好事。把你的心灵想象成一座花园,里面有美丽的植物和杂草。培养感恩之心是一种持续不断的实践,就像播种、培养一棵美丽的植物一样,让你对自己现在拥有的一切心怀感激——否则,时不我待,过后你也许不得不感恩"曾经"拥有的一切。

一群僧侣去美国协助研究冥想对大脑结构的影响,他们十分讶异研究人员想要扫描他们的头部。[1] 他们相信心脏周围的区域更重要!

感恩被形容成心灵的记忆方式,是给予和接受之间的阴阳平衡。它

---

1 R. J. 戴维森(2008)。《僧人的大脑:神经可塑性与冥想》,电气与电子工程师学会《信号处理杂志》,25(1),176—174页。

是真诚的，是发自内心的。怀着感恩，你沿着迷走神经（vagus nerve）从大脑转向心灵，这样会让自己远离压力，转而停顿下来，有计划地进入放松状态。心怀感恩是令你情绪高涨、满心欢喜的高效良药，是有害压力和"长期感到不足"的天然解毒剂。感恩之心让你恰当地认识过去，平静地接受现在，心怀希望地期待未来。

要是事情有那么简单就好了！在日常生活中，很多因素导致养成感恩之心的习惯听起来很容易，实际上很困难。感恩需要付出努力。许多人无须努力就能沉浸在自己的世界里，生活在自我满足和自私的偏见中。当然，其中有很多原因。人们可能只是太忙或时间紧迫。有时一些人会心不在焉，而一些人只是忘了感恩。

当然，作为依从习惯的生物，我们会倾向于不去改变自己一直以来的所思、所感和所为。我们很容易忘记现在许多人在自由或物质方面拥有的诸多优越条件。固有的"蜥蜴脑"带来恐惧、求生和消极的偏见，会削弱我们潜在的感恩之心，尤其是当我们像许多人一样，正承受有害压力的时候。人类的大脑天生倾向于把一切事物视为理所当然。

感恩缺失综合征，是我用来描述期望引起有害比较和嫉妒的"流行病"的一个术语。感恩缺失，自认为"有权得到"，在这种心态下，抱怨总是多于感恩。社交媒体可能会让你感到有缺失，因为无法达到所谓的"完美"。

从单纯地认为事情理所当然，到极度妄自尊大，感恩缺失导致情感匮乏是当今社会的普遍现象。赢家通吃的心理和物质上的攀比，支撑着不断评头论足和品评的名流文化，与此同时，商界的每位豪商巨贾都被欢呼包围，处处受到模仿。于是，那些缺乏自信心的人更加自卑和心虚。

再者，现代社会生活的物质主义让很多人认为这些事情是天经地义的。他们相信整个世界都应该供养他们，因此欲壑难填，自认为应享有特权。这种心态会进一步消耗你，甚至使你在情感和精神上崩溃。

伊壁鸠鲁曾经明智地说道："人们应该记住，曾几何时，他们对现在拥有的一切可望而不可即。"权利意识和自私自利会成为主要的障碍，师心自用让一切感恩化为乌有。

缺乏感恩，会使人催生自给自足的错觉，仅仅将成功视为个人技能和努力的结果，不愿承认他人的作用，也不愿正视彼此之间的依赖。与此相反，人们往往轻易将生活中的挫折归咎于他人。

缺乏感恩之心的大脑，会受到贪婪和恐惧的驱使。贪婪说"给我更多"，与此同时，期望、权利意识和嫉妒会推波助澜，使你唯恐拥有的不够多或者做得不够好，正是我所说的"长期不足"，是一种无休止的有害对比。

权利意识说，"我应该得到这个，我受之无愧，这是生活欠我的"。权利意识让你对不公平更加敏感，将注意力集中在自己没有得到的东西上，当生活无法满足期望时怨恨和嫉妒他人。苦涩、幻灭、烦恼和愤怒，就像一张唱片在不断循环播放，用毫无必要的消极情绪沉重地压迫你，败坏你的一切思想、情感和感受。

拥抱感恩能够消除权利意识，可以在情感、精神和心理上获得解放。针对这些思维模式，心怀感恩可以药到病除。心怀感恩的人不太信奉物质主义。事实上，心怀感恩和过度的物质主义无法共存，因为心怀感恩会自然而然地降低你对物质主义的倾向。

心怀感恩的人没有那么多的自我意识。他们对他人表现出更多的兴趣，而更能欣赏他人成就的人自然会更受欢迎。

我们的大脑通常喜欢新奇、新鲜的事物，并且使你不断适应面对的新形势和新环境。适应是一种非常具有弹性的能力，无论是在个人生活还是职业方面，它都可以让你从挫折和逆境中恢复过来。然而，享乐主义的适应倾向，意味着你适应了生活中的美好事物并习以为常。结果导致物质利益产生的影响往往很短暂，因为它们被你的大脑视为新的常态，你需要额外的东西才能获得和以前相同的满足感。

虽然感恩之心可以提供一种解药，帮助你对抗享乐主义的适应倾向，但有趣的是，比起感受，你适应购买实物的过程，明显更容易也更快。

由于你是自己所有感受的总和，因此会在这方面投入有利于自己的自我提升，并且效果不会因为时间推移而消失，这一点不同于购买实物。此外，感受能让你与他人建立联系，从而带来共同的回忆、更牢固的关系和更长久的满足感。

有一种对感恩严重错误的认知：它会导致自满、平庸，让我们缺乏勇气和决心。这完全不是真的。感恩之心能带给你更多的能量和活力，激励你坚持不懈地追寻自己的目标。一项有趣的研究引起我的注意，研究要求参与者设立6个个人目标，在10周的时间里完成。[1] 结果发现，那些收到一本感恩日记（每周写下他们感恩的五件事）的人会更加努力地去实现目标，取得的成果也比其他人多20%，之后他们也会继续为实

---

1 R.A. 埃蒙斯和 A. 米什拉（2011）。《为什么感恩能增进幸福感：我们知道什么，我们需要知道什么》。K.M. 谢尔登、T.B. 卡什丹和 M.F. 斯蒂格等，《设计积极心理学：回顾与前进》（248-262），牛津大学出版社。

现目标而奋斗。换句话说，他们并没有变得自鸣得意和自满，以至于难以再进步。所以，感恩之心就像一种黏合剂，能提高你实现目标的积极性。心怀感恩让你致力于自我改进，当你感受到来自他人的鼓励和支持时，你会想要证明自己配得上这些情感联系。

除此之外，心怀感恩并非：

○忽视自己的辛勤工作和努力。
○始终保持快乐的状态或乐观的想法。
○无视消极因素。
○负债——"你对我很好，所以现在我欠你的"。

心怀感恩的好处

心怀感恩能帮助你以全新的视角看更广阔的世界，看见自己的努力以及那些帮助和支持过你的人。从医学的角度看，表达感恩对你大有裨益，我认为它是你思想、身体和灵魂的灵丹妙药。我此时以医生的身份提出忠告，养成经常感恩他人的习惯，重大好处之一是能让你摆脱一时的冲动，转而让自己对周遭的应对更具弹性，面对有害压力不再反应过度，而是展现出更加积极的态度。

心怀感恩是针对无谓消极情绪的对症良药。就像不可能同时感到乐观和悲观一样，消极失望、愤愤不平和心怀感恩也无法共存。当你感到悲观、压力过大时，最好的治疗方法是定期充分抒发自己的感恩之情。

把感恩之心想象成建立一个"情感账户"。作为一种积极向上的情绪，心怀感恩让人欣然自得，感觉更加幸福。我认为感恩在情感中是一种爆炸性的存在，它能够让你转变思维，提高内心的幸福指数。心怀感恩，你会更频繁地体验到喜悦、乐观、热情和爱之类的积极情绪，同时消解焦虑和有害的负面压力。尝试感恩他人也许会引发负面情绪，特别是在开始阶段，你可能会感到内疚、尴尬或欠他人的人情，会有一段时间短暂地感到不快。然而，这通常是可以适应的。正像俗话说的，"一时吃苦，一世受益"。

在感恩成为一种习惯后，你的幸福感可以显著提升。研究发现，连续10周每周写一篇日记表达感恩，参与者的幸福指数可以提高25%。[1] 写日记表达感恩可以有效提升我们内心的幸福和活力。但是坚持这种做法直至固化为一种习惯，变成个人的一种性格特点，需要相当长的培育时间，通常至少也要几个月。虽然每篇日记本身产生的积极效果都十分微小，但足以激发感恩之心。于是你能够发现更多值得感恩的事物，更加清晰地记住愉快的经历，从而形成正向反馈循环。

感恩带来的内心幸福感更加持久，因为它源于心态的转变，远离大脑里追求即时满足的固有消极倾向，转向真正充裕的心灵。通过感恩，你在享受美好的事物和经历时会更加游刃有余。心怀感恩是情感活力和适应性的基础，它让你更加快乐，更具有创造力，更加称心快意。

作为一名医生，我注意到一件事：很多人在被问及关于感恩的问题

---

[1] R.A. 埃蒙斯（2008）。《感恩：如何练习感恩可以让你更快乐》（第1版），HarperOne 出版公司。

时告诉我，他们虽然心怀感恩，但实际上并没有表达出来。这真是可惜，有点像为他人买了礼物却没有送给他们一样。虽然心怀感恩是一件好事，但要真正体验到它的好处，就必须将它表达出来。把它写下来，将你的感恩落实到纸上，这样你对生活中许多美好事物的认识会更加深入和详尽。于是你不再是无根之木，而是真实且富有意义的存在。

日　记

"顺风顺水"是一种增强感恩之心的练习，它会提醒你每晚写下当天自己感恩的三件事情。花五到十分钟回想今天发生的三件好事，无论大小，思考它们发生的原因。

专注选出生活中的顺遂之事，关注今天发生的好事，你过滤掉了很多无关紧要和消极的东西。这样做会重新训练和强化你的大脑，让你更容易发现那些即将到来的好事情。随着时间的推移，你的观念和现实中的个人生活将发生真正的转变。

关键在于，生活在很大程度上取决于你如何看待它。这种反应能力是指，你"做出反应的能力"来自感恩，而非贪得无厌和欲壑难填。每天进行这个简单的"顺风顺水"练习，坚持一周，可以提高随后六个月内的幸福指数。

心怀感恩的人际关系。感恩的另一个好处是，你越心存感恩，就越有可能去帮助他人，你人际网络中的其他人也会认为你比以前更乐于助人，因为你更积极地参与社交活动，帮助身边人的意愿更强。

这可能有几个原因。首先，心存感恩会让你的内心更加幸福、更有活力，因此更倾向于帮助他人。其次，感恩之心促使你打开心扉，让你更加善良、更富有同情心，整体上对生活更满意。它让你对善意更敏感，自然而然地想要回报他人。第三，心存感恩的人会更加重视为他人的利益着想，外在表现为更加和善、乐于付出。由于感恩和善良是相互关联的，感恩会促使人慷慨地给予。在感恩之心的帮助下，你会将他人的帮助看得一清二楚，积极主动地去帮助他人。在感恩之心的鼓励下，你会努力提升自我，回报那些帮助过你的人。

有一句俄罗斯谚语说："感恩滋润旧的友情，也让新的友情发芽。"感恩之心能够建立你与他人之间的联系，振奋你的精神，让你对他人保持乐观的态度。心怀感恩的人往往更友善，这会鼓励他人也变得更友善，从而形成一个向上的社会关系网螺旋，加强你和朋友之间的联系。

感恩之心是广泛人际关系的助力器，是永不衰竭的吸引力，让人与人之间建立起更紧密的联系。它能唤醒你相互依存的本性：生活不只关乎"我"或"你"，更关乎"我们"。因此，它有助于消除你的孤独感和分离感。

感恩的科学

感恩能重新调整、塑造你的大脑，使你的大脑更加积极，在社交生活中投入更多。它改变了你观察世界的视角，对抗"天生消极的大脑"和享乐主义的适应倾向。感恩有益于健康，至少部分原因是它联通的那些大脑网络与缓解压力、社交联系相关。

根据美国加利福尼亚大学洛杉矶分校正念觉知研究中心的研究，经常表达感恩之情可以改变大脑的分子结构，增大某些区域（右侧颞下回，right inferior temporal gyrus）灰质的体积。感恩可以提高腹内侧前额叶皮质（ventromedial prefrontal cortex）的活跃度，这是大脑处理奖励性刺激的关键区域。

美国南加州大学犹太大屠杀基金会拥有一套视觉历史档案，其中有数不清的故事记录了纳粹集中营中的无私和慷慨。在一项针对感恩与大脑活动之间联系的研究中，参与者观看了描绘苦难的视频，并想象自己曾经身临其境。[1]接下来，让他们观看赠送礼物的场景来诱发其感恩之情，例如，在严寒的冬天进行"死亡行军"时得到一件温暖的大衣，或者在挨饿时得到一些面包。当参与者深入反思自己对这种善行的感恩时，脑部扫描记录了他们大脑发生的全部变化。最后，他们根据自己的感受对感恩进行从1分到4分的评分，其中4分代表他们对这种经历的感恩无与伦比。在实验过程中，脑部活动的任何变化都被功能性磁共振成像（functional magnetic resonance imaging，简称fMRI）脑部扫描记录下来。研究人员发现，表达感恩时大脑的特定区域被激活，这些区域与情绪调节、共情、社交联系、公平、洞察力和缓解压力有关。

研究发现，感恩作为一种人格特质，与生活满意度和积极的心理健康之间存在非常紧密的联系。[2]感恩与高度的乐观主义密切相关，因为它训练大脑以乐观的心态看待未来，它是积极、开放心态的基石，支撑着成长、勇气和毅力。

1　G.R. 福克斯（2015）。《感恩的神经关联》，《心理学前沿》。
2　A. 阿尔科泽、R. 史密斯和W.D. 基尔戈尔（2018）。《感恩与主观幸福感：两个因果框架方案》，《幸福研究》，19: 1519—1542。

感恩能够拓宽你的视野，让你不再把精力浪费在担忧、自我克制和无谓的消极情绪上。这样一来，你就可以下意识地放下一些负担，放慢脚步，更加专注地投入到工作和当下要做的事情中。

就像你的DNA一样，你的记忆也不是一成不变的。心理学家丹尼尔·卡尼曼因其对认知偏见的精彩研究而名声在外，这些研究揭示了你的记忆实际上多么善变。研究还表明，即时表达感恩可能更容易给你留下积极的回忆。

怀着感恩的心态，你可以用一种成长、富有意义和彼此联系的新眼光，从更积极的角度重新审视那些充满挫折和压力的生活经历。这样可以使你增强承受（无论是小事还是大事带来的）压力的韧性，提高有效应对压力的能力。

值得考虑的是，是感恩之心会带来健康的身体状态，还是健康的身体状态会带来感恩之心？或许还有其他变量同时影响感恩之心和健康？例如，感恩之心可能会促使人们养成更健康的生活习惯，更严格地遵守医生的建议，整体上更加关注自己的健康。我们知道心怀感恩有利于睡眠（睡眠本身就有益于健康）。此外，感恩之心是对抗有害压力的良药，能让情绪更加积极、幸福感更强，同时让人际关系更加紧密。以上这些因素，无论单独发挥作用还是组合在一起，都有助于解释为什么心怀感恩可以促进身体健康。

常怀感恩的人表示自我感觉更加良好，痛苦更少，主观幸福感更强。珍惜自己的健康，你就会更主动地采取措施保持健康，包括定期体检。于是新的锻炼计划更容易坚持下去，其他有益健康的习惯也更容易养成。

感恩与急性冠脉综合征关系（gratitude research in acute coronary events，简称 GRACE）的研究发现，在心脏病发病两周后，心怀感恩和乐观的人的血管功能得到了改善。虽然理智的医生不会认为仅凭感恩就能保护你免受严重疾病的侵害，但它确实能让你远离有害压力，进而放松身心，减轻副交感神经系统（parasympathetic nervous system）的负担，帮助降低血压和提高免疫系统功能。

此外，心怀感恩还能缩短入睡时间，提高睡眠质量，并延长睡眠持续时间。就像我常说的那样，如果你入睡困难，不要数绵羊，而是数数让你感到幸福的事情！研究表明，发自内心的感恩与唾液中免疫球蛋白 A（IgA）的浓度提高有关联[1]，而免疫球蛋白 A 是身体针对入侵微生物（如细菌和病毒）的第一道防线。较低浓度的皮质醇（cortisol）可以让身体康复得更快。心怀感恩可能会释放更多的内啡肽（endorphin），这是一种天然的阿片类止痛药，作用于 μ-阿片受体来降低对疼痛的敏感性，从而提高疼痛阈值。这可以让你感觉没那么疼痛，减轻你身体的症状。

心怀感恩的人生活方式更加健康，也更容易维护好自己的健康。所有这些因素，再加上积极的情绪和乐观主义带来的好处，你长寿的概率就增加了。

表达和体验感恩是让你认识自我本质最有力的方式之一，我称之为真诚感恩。心存感恩自然会让人更加谦卑，而谦卑的人感恩之心更盛，更懂得如何感恩——这些品质是相辅相成的。事实上，适当的谦逊可以

---

[1] R.A. 埃蒙斯（2008）。

有效治疗感恩缺失综合征并改变"一切都是理所当然"的心态。

真诚感恩帮助你与周围的世界建立联系,拥抱充满感恩的心灵带来的全新希望。摆脱桀骜不驯的自我和它设下的种种限制,消除恐惧支配下贪得无厌的心态。放下过去的遗憾和对未来的焦虑,自由地活在当下。学会将日常生活中的点点滴滴转化为终身回忆的感恩时刻。努力做出更大贡献,为大局服务。通过这种方式,感恩成为一种具有哲学意味的情感,融入更广阔的场景中,让你将整个生命视为一份礼物。

感恩和灵性往往相互促进。如果一个人有灵性,他就更容易感受到与他人之间强烈的情感或灵性联系。相比之下,那些活在妄自尊大的幻觉中的人,很难体验到真正的感恩之情。此外,随着你的成长和进步,你会深刻体验到一种真正充盈的满足感,即与宇宙的创造性力量紧密相连的内在感觉。

体验真诚感恩的一个绝妙方法就是闭上眼睛一两分钟,把注意力放到吸气和呼气上。感恩那富于健康活力的空气充盈你的肺部。承认生命本身的魔力,此刻尽情地活着就是一个奇迹。感受你的心脏带着能量和活力在胸腔中跳动。将你的意识扩展到外界,感知你所看到、听到、闻到和触摸到的东西。当你发自内心地感恩这些简单的事实时,你会意识到自己是这段生命旅程的积极参与者。用心灵的新视角去观看不一样的世界。

感恩之心为你提供了一条回归真实自我的路。它昭示了一条不变的真理:不是你做了什么,也不是你拥有什么,你远远超越于此。它提醒你就在此时此处,你拥有实现全部价值所需的一切。感恩之心提醒你,你的内在潜能可以成为改善世界上大大小小事情的力量。我喜欢说,

活出生命力

感恩之心可以在绝望中带来希望，在黑暗中带来光明，在破碎中带来疗愈。

实践出真知

你可以看看另一个例子。多年来，托尼在商界一直很成功，曾经拥有员工100多人。当经济在2008年出现危机时，他的建筑生意陷入困境。他尽一切可能维持业务运转。他夜以继日地工作，变卖了所有资产，包括如今已经"打水漂"的投资。他大刀阔斧地重新抵押了住房，用非常紧张的预算维持生活。那段时间托尼来找我。虽然最初是因为"有点高血压"才来找我的，但随着时间的推移，像许多长期患病的患者一样，我们成了朋友。我们的"咨询"更多时候是长时间的聊天。

托尼继续全力工作了好几年，直到有一天他得知，他剩余的银行债务已经被变卖，用他自己的话说，被卖给了"秃鹫"。他大吃一惊，因为他本以为银行会给他更多时间，尤其是经济已经开始复苏。30年前，托尼从零开始创办了这家企业，对此他耿耿于怀。他觉得自己是个失败者，最重要的是，他感到了深深的羞耻。他无法与趁火打劫的基金公司达成协议，托尼清楚地意识到破产和失去住房已经是不可避免的事情。托尼发现自己的处境十分艰难，有一段时间他一直深陷泥潭。

在那段时间里，我全方位地帮助托尼维护心理、身体和情感健康，还为他介绍了一位经过培训的治疗师接受认知行为疗法（CBT）。他阅读了我的书《幸福的处方》，学到了一些实用方法，尤其是感恩练习，这帮助他度过了正在经历的动荡时期。我鼓励他讲讲生活中那些依然值得感恩的事情，随后每天写下三件事来表达感恩——"顺风顺水"练习。

当然，托尼依然有很多事情值得感恩。虽然他已经52岁了，但他身体健康，妻子非常支持他，他还有4个可爱的孩子。尽管他的创业精神受到了严重打击，但并未被摧毁。我经常提醒他，他还年轻，可以重新开始。而他确实做到了。那是5年前的事情。我很高兴地告诉大家，托尼以顽强的毅力重建了自己的生活，甚至为家人买了一套小房子。用托尼的话说，"感恩练习成为我找回自己、重建生活的基石。它并不是让我否认或淡化过去发生的事情，而是实实在在地帮助我意识到什么才是最重要的，意识到在更大的格局中自己依然是幸运的。我用感恩的眼光重新审视自己的经历，让自己放下过去，以全新的积极态度前进"。

感恩的处方

爱尔兰语中有一句古老的谚语："好的开端是成功的一半。"本杰明·富兰克林每天早上都会问自己："我今天能做些什么好事呢？"

GLAD是我用来开始美好一天的助记符号。这是一个只需几分钟时间的书面练习，能让你的思维和心态重新找到丰裕和感恩的方向。请花一些时间思考以下每个问题。答案可以简洁明了，只需几个有意义的词语就可以产生效果。

感恩（gratitude）：今天你对什么事情或者哪个人心怀感恩？

放下（let go）：今天你能放下什么？一些小烦恼，琐碎的怨恨，还是不再对你有益的旧观念？

感谢（appreciation）：今天你会感谢谁？你将主动表达感激之情或善意去感谢某人。

专注（dedicated focus）：你今天会把时间和精力花费在做什么上？你最重要的工作或目标是什么？

善良的行为

善良就像雪，它把它覆盖的一切都变美了。

——卡利尔·纪伯伦

近年来，无家可归已成为一个重大问题。尽管其原因可能非常复杂，但那些受害者始终需要得到关怀。面对这个问题，人们很容易变得冷漠或者仅仅将其归咎于"体制"（政治家或相关个人）。虽然没有一个人能够解决无家可归问题，但这并不意味着面对它时你需要失去人性。

有一次我走出咖啡店时，看到一个无家可归的人坐在附近的地上。他向我热情地打了个招呼，引起了我的注意。他什么也没要，但我迅速绕回店里，给他带来了咖啡和新鲜的松饼。

当我把这份小礼物递给他时，他露出了温暖的笑容，用眼神道了谢。当然，这并不能改变他的处境，但至少在那一刻，他的生活变得更加愉快了。同样，我也很高兴。部分原因是我没那么不安了——因为我做了一件小事，给了一个需要帮助的人一些东西，我的心情更加愉快了。

这就是古老的"黄金法则"的精髓——你希望自己怎样被对待，你就会怎样对待他人。信守承诺，履行义务，伸出援手，支持他人，你会得到各种各样的回报。我可以在生活中,以及我作为一名医生有幸见证和帮助的许多其他人的生活中,证明这条黄金法则确实有效。

对我来说,善念——通过日常选择和行动无条件地表达善意,而不期望任何回报——是这条黄金法则的精髓。思想上的善念培养了同情心,言语上的善念创造了自信心。当然,善念本质上是一种行动。它是你所做的事情,而不像其他许多积极情绪一样仅仅是一种体验。善念是本着助人的精神,从以自我为中心转向以他人为中心。真正的善念是无条件的,不是出于私利或者讨好他人。

当你站在他人的角度思考问题,将他人视为"另一个自己"而不是"他人"时,你的目标会更加明确,会发现更多的意义。作为一种行动,善念可以提升专注力,在彼此之间建立联系和信任。

现代社会生活的繁忙和有时的疯狂,可能会阻碍人们表达善意。许多人被物质主义吞噬,埋头于自己的生活。此外,心态上不知餍足,以自我为中心的予取予求和贪得无厌,也会导致善良被视为软弱而非人格力量。

我正在看一部关于死海的纪录片,它以盐度高而闻名,水中的浮力非常大,以至于任何人都可以轻松漂浮在水面上。有趣的是,从医学的角度讲,在死海中沐浴被认为有益于银屑病患者康复。从地理学角度讲,约旦河流入死海,但没有任何河流从死海流出,因为它是一个入口,而不是出口。讽刺的是,几乎没有生物能够在死海中生存。从这个角度来看,它可以被看作索取者而非给予者,从约旦河中攫取了所有的生命和活力,却没有给予任何回报。也许这就是它死亡的原因——关于以自我为中心的权利观、不知餍足的观念和缺乏感恩的一个妥帖隐喻。

活出生命力

希波克拉底写道:"医生有时去治愈,常常去帮助,总是去安慰。"作为一名医生,我相信善念作为一种关键因素,可以让你更高效地与他人互动,在促进疾病治愈的同时,让你更顺畅地与他人沟通,设身处地地理解他人。研究证明,医生在咨询过程中展现同理心和善意,患者感冒症状的持续时间就可以缩短一天。[1]

善良是一种公认的品质,许多人都说善良是他们力量的源泉之一。事实上,善良倾向天生就存在于你的DNA中,正如达尔文在他的著作《人类的由来》中所强调的,善良这种品质是进化成功的必要组成部分。

善念的科学

善念激发了与奖励性刺激相关的大脑网络。无论是亲身经历还是仅仅旁观,无论是面对面还是仅仅通过互联网,带有善意的行为都会产生这种效果。此外,即使仅仅是思考或想象那些善良和带有同情心的行为,也会激活大脑的情绪调节系统(emotional regulation system)中关于人际交往和舒适度的部分。

正如举重能锻炼身体肌肉一样,当你的善念成为一种习惯时,就可以在你的大脑中建立"同情心肌肉"(compassion muscle),让你在面对他人的痛苦时拥有更多的同情心。核磁共振成像(fMRI)扫描还发现,善念和同情心会改变前额叶皮质。由于神经可塑性的原理,细胞反复激

---

[1] D.P. 拉克尔等(2009)。《医生的同理心与普通感冒的持续时间》,《家庭医学》,41(7),494-501。

活连通时，大脑可以建立新的连接。这样一来，随着时间的推移，善念转化为行动会变得越发轻松。

从神经生物学（大脑本身发生的变化）角度考查善念，它会带来一系列激素和神经化学变化，有助于缓解压力。首先，应激激素（stress hormones）如皮质醇的浓度可以降低超过20%，减少有害压力、紧张或敌意。其次，（与有害压力产生的作用相反）同情心会刺激迷走神经，也就是医学上所说的副交感神经系统，它负责控制炎症反射（inflammation reflex）和身体的放松反应，激活这一系统有助于使人从压力中恢复。第三，善念通过提高几种大脑神经化学物质的浓度，强化有益的生化反应，产生温暖、彼此联结和亲近的感觉。这些大脑神经化学物质包括多巴胺、催产素、血清素和内啡肽。

○多巴胺会增加，因为善待他人可以激活大脑的愉悦和奖励性刺激中心，仿佛接受帮助的人是你自己一样（"助人为乐"）。

○催产素让你更多地感觉到信任、共情和平静。它能使你提高自尊心，降低焦虑，是有害压力的天然平衡物。催产素还能强化免疫系统，创造出许多短暂而乐观的时光，有助于帮你对抗现代社会生活的忙碌和压力。像催产素这样的激素，能让你更加轻松，与他人的联系更加紧密。催产素能减轻炎症和免疫细胞的压力，释放一氧化氮，保护心脏，降低血压，改善心脏健康状况。它还可以增强肌肉耐力。此外，催产素建立的联系令你更容易传递善意。

○血清素能够使你平静下来，变得自信、积极和快乐。它还能帮助学习、提高记忆力和强化大脑机能。

〇内啡肽是天然的止痛激素，就像小剂量的吗啡，同时能让你更加平静、乐观，精力更加充沛。

善念的好处

善念的一个真正有趣之处是它有三重影响。善念首先影响行善者（给予者），其次是善念的接受者，最后是善念行为的旁观者。

从许多方面来说，给予和接受都是同一完整能量流的一部分，就像生活的阴和阳。当你用所得谋生时，你用给予他人的东西创造生活，你所付出的会以各种方式回到你身上，我称之为善念的回旋效应。

自我意识。善念还有一个更有趣的好处，从健康和整体福祉的角度来看，帮助他人的同时不可能不帮助自己。培养善念强化了你的自我意识，提高自控力、肯定自我价值、增强自尊，简单来讲就是帮助你展现出自己最好的一面。你会发现自己更加关心、同情和体贴他人。心怀善念鼓励你进一步敞开心胸、着眼未来，更加认同自己内在的善良，对自己信心十足。因此，多一些善意是提高生活满意度的良方。

身体健康。社会学家克里斯蒂娜·卡特博士的研究表明——详见她在《培养幸福》一书中的阐述——善念可以提升你的能量，让你感觉自己更加强壮、疼痛更少。心怀善念有益于身体健康，可能是因为它作用于影响身体放松反应的迷走神经。我的意思是，如果你想照顾好你的心脏，就要更加发自内心地去生活。心怀善念还可以减少晚年认知障碍，延长寿命。卡特还发现，55岁以上的人，凡是至少为两个组织当志愿者的，早逝风险降低了20%~40%。心怀善念对寿命的影响比每周锻炼四次或去教堂更明显。心怀善念可以刺激分泌更多免疫球蛋白A——一种重要的免疫系统抗体。无论你身体力行去做善事还是旁观他人行善，你的免疫系统都会受益，因为提高免疫力源自对善意的感受。相比之下，有害压力会抑制你的免疫系统，无论你是直面压力还是仅仅观察到它。

心理健康。心怀善念让心理保持积极向上的健康状态。它有助于提高恢复能力、培养现实的乐观主义，以此作为缓冲，保护你不受有害压力的影响。它可以减少焦虑感，并可能对抑郁症有一定预防作用。心怀善念带来更多希望和助人为乐的精神，帮助你抵抗无助和绝望，后者大多数时候被纳入焦虑和抑郁的范畴。在加拿大不列颠哥伦比亚省的一项研究中，十分焦虑的参与者被要求每周做六件好事，连续坚持一个月，结果发现他们的情绪得到改善，对社会关系也更加满意，社交焦虑的人则不再那么抗拒社交活动。[1]

心态。心怀善念可以使你提升认知能力、专注力和警惕性。它能建立信任，让你在积极的变革中发挥作用。心怀善念可以改变你的世界观，让你看到一个更慷慨、更有爱心的世界。你会变得更加冷静，不再反应过度，更恰当地做出回应。当你的视角更加开阔时，就能以更现实的眼光看待挑战，既见树木又见森林！

情感活力。心怀善念能够让你情感银行的账户更加活跃，而且作为一种重要的人性力量，心怀善念能提高主观幸福感。选择变得更善良、更富有同情心可能是让自己更快乐的良方。在哈佛商学院2010年涉及

---

[1] J.L.特鲁和L.E.奥尔登（2015）。《善念能减少社交焦虑者的逃避》，《动机与情感》，39（6），892—907。

活出生命力

100多个国家的一项调查中,在最慷慨、乐善好施的社会中人们总体上最幸福。

善念可以带来一种"助人者的高潮":最初感到愉快和欢欣鼓舞,随后体会到长时间的幸福和满足,这些都来自对他人的无私帮助。人们认为善念能促使大脑产生足够的内啡肽,其心理效应与轻度吗啡高潮相同!

因为善良,你更加感谢生活中已经拥有的人和事物,体会到一种螺旋式上升的快乐和幸福。明白自己在帮助或支持他人,会增强自己的感恩之情。即使只是连续七天善待他人,也能提升你的幸福感,而提升程度与你的善行数量有直接关系。

人际关系。心怀善念满足了人类的核心需求:彼此之间的紧密联系。它是促进人际关系的绝佳助推剂,因为在他人眼中,展现出善念的你比以往更友善、更主动。它加强了社交纽带和社区内部的联系,创造新机会让你可以参加更多积极的社交互动,结交更多新朋友。事实上,心怀善念可以成为消除孤立和孤独感的好方法。

从根本上说,选择善念就是承认他人的人性,对他人说"你很重要!"。展现更多善意、与他人建立密切的关系,你的心扉将会敞开,产生共情、宽容和怜悯之心。善念让人们分享仁爱,学会谦逊。经历过善行的受益者更容易萌生感恩之情,提高自己的自尊心。

在团体组织中,善良作为一种文化价值观可以留住更多的员工并提高生产力。事实上,选择善待他人是一个恰当的例子,可以解释我所说的"微小力量"——一个小小的善行可以给他人带来巨大的改变。

精神活力。善念能触动你内心深处的某种东西,那是一种做正确事情的感觉。人们强烈感受到自己正在做一些有意义的事情，于是价值观、使命感和意义相互联系起来。无论是善意的给予者还是接受者，深入思考具有善意或同情的行为时，都会体验到一种敬畏感。

善念的处方

当你做出、接受或观察到善行时，你会体验到情感的升华，那是一种温暖、舒展、满足、感恩和喜爱的感觉。当你目睹充满同情、善意、道德之美、勇气和忠诚的行为时，你会体验到情感的升华。这种感觉是善念具有强烈感染力的原因之一。

你承诺变得更善良，可以激励他人变得更加善良和慷慨。《大连接》一书的作者尼古拉斯·克里斯塔基斯和詹姆斯·富勒发现，在游戏者有可能进行合作的游戏中，一个人如果给他人钱，那么接受者在今后的游戏中给他人钱的概率就更高。这种"学习善良"的习惯已被证明可以持续存在，你不会变回从前的自私或冷漠。

同样，"传递爱心"意味着你对他人的善意不是回报给你，而是由那个人向他人传递善意，像接力赛中传递接力棒一样传递下去。因此，它可以创造一连串连锁反应式的合作。美国斯坦福大学的研究发现，在人口密集的地区做一件好事会产生多米诺骨牌效应，可以让几十个人在那一天都过得更好。[1] 也许这就是心怀善念的最大好处之一——它可以通过你的人际关系网传播，创造一连串积极反应（就像往池塘中扔进一

---

1 J. 扎基（2016年）。《善意的传递》，《科学美国人》。

块鹅卵石后扩散出的涟漪一样)。

在日常生活中,假设你对一个人友善,那么,总体来说,这个人会对其他 5 个人更友善(一度关系)。而这 5 个人中的每一个人又会与其他 5 个人互动(二度关系:25 人)。而这些人又会与另外 5 个人互动(三度关系:125 人)。虽然采用这些数字只是为了说明问题,但它们凸显了你选择表达善意有多么强大的力量,甚至能够积极地影响你不认识的人。友善的小举动可以产生巨大的影响,就像一颗小卵石可以在池塘中激起巨大的涟漪一样。

日　记

以下是一些可供反思的善念问题。试着每天问问自己这些问题,它们将帮助你迈出第一步,让你主动将善念实践引入自己的生活中。

○今天你对谁好了?
○今天谁对你好了?你有回报吗?
○上一次你无私地帮助他人而不期待任何回报是在什么时候?
○如何在不期望获得任何回报的情况下给予更多?
○明天你会对谁好呢?

你可以通过以下这些方式开始。

随意的善行。随意的善行是指你投入时间或精力让他人受益或提升他人幸福感的一切行为。研究发现,你在六周的时间里,每周有一天主动做五件随意的善行，可以显著提升自己的幸福感。[1]只要你数一数一周时间里自己随意做的善事数量，你的感恩就会更强，内心也会更加快乐，会在善行数量与个人幸福感之间建立起正相关的关系。

完成这些随意的善行后，有三个 A 要记住：和谐（attunement）、意识（awareness）和感恩（appreciation）。关键在于，当你在一周的某一天完成五件随意的善行后，你会对自己那一天的思想、感受和行为更加敏感。你会更深刻地体会到什么是活在当下，更加理解自己的言行不仅对他人，更对自己产生了影响。

将你随意的善行分散在整周似乎并不像预想的那样有效，因为它们的积极影响往往会被生活中其他事情掩盖和稀释。西班牙的一项研究发现，在一个组织中，当成员被分为两组做出或接受善行时，会出现双赢的局面。[2]

○ 那些做随意的善行的人会更快乐，对工作和生活更满意，更少抑郁，生活更成功。

○ 那些接受随意的善行的帮助的人很有可能会传递爱心，从而在整个组织中产生善意的连锁效应。

我的建议是尝试定期做随意的善行，你会发现每周完成五件随意的善行将成为你心理健康、幸福感和活力的新转折点。

---

[1] 索尼娅·柳博米尔斯基（2010）。《快乐的方法》，皮亚特库斯图书出版公司。
[2] 《工作中的善意小举动对实施者、接受者和整个组织都有好处》（2017），《研究摘要》。

活出生命力

你可以通过写日记的方式列出关于这些行为的想法清单，表达善意的方式有很多，而且可以非常简单。考虑一下那些你平时不会去做的事情，它们能够带给你真正的改变。一些想法包括：

○捐出你超过一年没穿的衣服。

○承诺给一个你认识的孤独的人打电话或写信。

○与老朋友重新取得联系。

○在力所能及的范围内，定期向信誉良好的慈善机构捐款。

○对他人多说一些好话。

○物尽其用，在收费站用零钱为身后的人付费。

○做一些平时不常做的家务。

○当你排队买咖啡时，给后面的人也买一杯。

○赞美今天与你联系的前三个人。

○在路上让他人先行。

○给五个人发送一条措辞积极的信息。

○开车时格外耐心和体贴。

○帮助社区保持整洁。

○恭喜某人取得成功。

○帮助一个陌生人。

○向你所知正在经历艰难时刻的人伸出援手。

○做个好邻居。

○给某人亲手写一封感谢信。

志愿善行。用你的时间、才能或精力帮助他人，可以增强你的韧性和自信心，同时满足自己包括受重视在内的重要心理需求。这种志愿善行常常会让你保持外向和关注他人，而不是变得内向和只顾自己。你会更清晰地意识到自己和他人是相互联系和依赖的，这是提高幸福感的重要因素。

志愿善行提供机会让你建立社会关系、发展新友谊，让你在面对新挑战时感到并非孤身一人作战。在组织中，志愿善行有助于形成共同的目标感，提高工作满意度。同时，它增强了你的成就感和满足感，为你的生活带来了丰富的目标和意义。

关于慈爱的冥想。慈爱，又称为"慈心禅"（metta bhavana），是一种冥想方式，专注于对自己和他人的同情、关爱、正面情绪和善意。研究发现，它能增强正面情绪，减轻负面情绪。它可能会激活大脑中有关情绪处理和共情的区域。简言之，慈爱的想法会触发化学反应，以迷走神经和包括催产素在内的脑神经化学物质为中介，创建新的大脑连接。

来自美国北卡罗来纳大学教堂山分校的研究，对比了持续六周每天冥想练习前后的端粒（telomere）长度。[1] 研究将参与者分为三组，分别进行慈爱冥想、正念冥想和不冥想。在关于慈爱冥想的小组中，端粒长度没有缩短，这表明善良和同情的感受有可能在基因层面上使人减缓衰老。

在社交媒体上保持善意。虽然社交媒体可以让朋友和家人以新的方式彼此联系和分享故事，但它也可能成为有害压力的重要来源。完美主

---

[1] K.D. 阮丽和 B.L. 弗雷德里克森等（2009）。《慈悲冥想能减缓新练习者的生物衰老：来自一项为期 12 周的随机对照试验的证据》，《心理神经内分泌学》，108，20—27。

义、负面比较、害怕错过和自卑感都可能由社交媒体平台引发。身处屏幕后面的匿名方式，可能会导致一些人行为特别恶劣，他们的残酷评论也许会产生极具破坏力的后果。近年来，我多次见证某人的心理健康因此受到严重影响——这就是为什么在社交媒体上保持善意如此重要。请记住，在你的"发送"按钮的另一端是一个人。我在互联网上实践善念的个人清单是"ABC思考法"。

○致意（acknowledge）：向分享故事或展现自己脆弱一面的人致意——让他们知道你关心他们，即使你没有任何办法解决问题。

○负责（be）：对自己分享的信息负责，抵制"跟风"的诱惑。思考信息来源以及对他人的影响。鲁米告诫我们："在说话之前，让你的话经过三道关口。"也就是说，问问自己要说的话是否真实、有必要和友善。这种哲学观点同样适用于在社交媒体上互动。

○选择（choose）：选择成为一个鼓励者。当你看到他人身上有美好或积极的东西时，要告诉他们。这可能只需要几秒钟时间，但对他们来说，这些话可能会鼓励他们一生。

善待自己。当谈到善良时，要记住善待自己非常重要。毕竟，你不能从一个空杯子里倒出东西。更加善待自己的关键是要明白你不是一台机器，不是一个为了做事而存在的人，而是一个为了生活而存在的人，定义你的不是发生在你身上的事情，而是你存在的意义。

马娅·安杰卢是美国一位杰出的诗人和作家，她非常恰当地说过，当你走过人生的道路时，要看看你的两只手，提醒自己，一只手要伸出去支持他人，而另一只手要帮助自己。换句话说，要善待他人，当然，也要记得善待自己。要在困难时期给自己一些喘息的机会。这与我活力之手模型中的拇指类似——记住，当你伸出手去帮助他人时，你的拇指会指向自己。

同情心，是一种生存状态，在这种状态下，你将与自己的关系延伸到他人身上。对他人的同情可以被视为一种高级形式的自利，自爱和爱人之间根本不存在任何间隔。要真正关心他人，你首先必须找准自我意识的定位。

自我同情，或者善待自己，意味着你要从"我"开始。它包括接受痛苦的想法和情绪，接受自己的缺点和不完美。完美的互联网照片文化创造了一个假象，即完美、幸福的生活是没有痛苦情绪的。痛苦情绪不应该轻易地用药物缓解和治愈。海伦·凯勒说："只有经历痛苦，灵魂才能强化，视野才能清晰，雄心才能激发，成功才能实现。"同情被定义为深刻地觉察到他人的痛苦，以及产生帮助他人减轻痛苦的愿望。顾名思义，这需要你自己经历痛苦，这样才能培养韧性，更加尊重现实。从东方社会的角度来看，苦和幸福的联系非常紧密，你不可能只拥有其中之一。在西方社会，我们通常抵制苦难，压抑它或者拿起药瓶来解决它。在东方社会的传统中，苦难被认为是通向智慧的必经之路。承认并接受这种不可避免的苦难，就能将其转化为成长和适应的能力，揭示更深层次的意义。

经历痛苦和苦难会让你认识到自身的局限性，而反思自身经历所获得的智慧将使你的内心更加澄明。你很可能需要更多的自我同情和全面的自我关怀。自我同情真正有助于你提升自己的身心健康和整体幸福感。更加自我同情的人拥有更强烈的自我意识，更加关注自己的思考、感受、行为和表现。这可以使你在决策时减少被动反应，增加积极响应。你强大的自我同情心可以让自己更好地照顾自己，从而改善自己的健康，维护自己的人际关系，提高自己的整体活力。当你更加自觉时，你的焦虑和抑郁会降到更低的水平。

当你同情自己时，你会变得更加放松、热情和开放，更有信心。随着自身的成长、阅历的增加，你的人际关系变得更加有效和重要。虽然有些人天生就非常有同情心，但同情心是一种可以培养和精进、完全可以习得的技能。以下是四种快速提升自我同情技能的方法。

身体上。好好照顾自己的身体。在树林里散步，聆听风吹过树叶的声音或鸟儿的歌唱。躺下来听一些放松的音乐。有意识地放松自己的身体，创造出一些小机会让自我同情的感觉更好。

心理上。通过专注于当下，全身心接纳压力和痛苦的经历。放慢呼吸，当你将注意力集中在呼吸上时，稍作停顿。

情感上。在你的日记中表达对自己的感恩，鼓励自己。想象一下，如果你的朋友面临挑战或压力，你会如何鼓励他们，你会如何给予他们友善、同情、耐心、倾听和支持。现在，将这种鼓励和支持的对话引入内心，增强对自己的同情。我所说的是用自我对话的方式帮助自己，接受自己目前所处的现实，并温柔地鼓励自己一步一步、一天一天地向前迈进。

精神上。给自己写一封原谅信。描述给自己带来痛苦或苦难的情境或经历。要客观地描述，不要指责。现在用原谅的眼光重新审视那段经历。原谅自己并不完美，原谅自己犯了错或者未能实现理想。专心放下过去，吸取教训，重新开始。

想象一下，世界上没有嫉妒、不知餍足或消极攀比。想象一下，每个人都专注于自己的事情，同时支持和帮助他人也这样做。虽然理想化的未来愿景可能还很遥远，但是你自己的未来可以从今天开始，从选择更加善良开始。善念是一种选择，是你的选择，给予你遇到的那些人更多关爱——即使只是送出关注或微笑。记住，当你选择善念时，你可以让世界变得更美好——不仅是你自己的世界，也是其他人的世界。

负面效应

消极的人会向你大喊大叫，而积极的人只会轻声细语。

——芭芭拉·弗雷德里克森

成年人的大脑是一个迷人的器官，由近三磅（1.3公斤）柔软的豆腐状组织组成。它也非常脆弱——事实上，极其脆弱——这就是为什么它被头骨安全地包裹起来，远离伤害。它由超过10万公里的脑神经网络组成，彼此通过超过1000亿个神经元或神经细胞相互连接。神经元的激活速度非常快，可能每秒钟5~50次，同步脉冲的神经元可以达数十亿个。在你挠鼻子的短暂时间内，数十亿个大脑突触将被激活。每个神经元都有数以千计的连接（称为突触），形成了一个庞大的网络，拥有数百万亿个全部连接在一起的微处理器。

在人脑中，仅在大脑皮层中就有超过125万亿个突触，这个数字大致相当于1500个银河系中的恒星数量。这是一个巨大的数字，让你能够感受到自己大脑的潜能——往往是未开发的潜能——对自己日常决策和个人发展的影响。

尽管你的大脑只占整个身体重量的 2% 或更少，但它是一个极其消耗能量的器官，以葡萄糖和氧气的形式消耗你可供应能量的 20%~25%。就像一台计算机一样，你的大脑是"始终运行"的，即使在睡觉时也是如此，每一分钟都有数十亿个神经元在不断地发射信号，以维持你的生命并工作。

负面情绪的科学

人类大脑的结构和运行方式提醒我们，尽管现代世界发生了很多变化，但大脑内部的结构仍然没有发生变化。纵观大脑的底层设计和默认的网络联通方式，其基调仍然侧重于消极方面。虽然正面情绪可能会暂时提升你的幸福感，但忽视负面情绪、面对威胁无所作为，可能会立即影响你的生存，这种影响有可能是直接的，也有可能会切断你的社会联系，让你无人可以依赖。虽然人类的大脑还有很多等待发现和探索的地方，但迄今为止，我们已经知道大脑结构的发展演化方式：在现有结构的基础上添加新的组成部分。在很多方面，这一过程类似于扩建一系列相互连接的房屋。我们来看看它是如何设计的。

地下室：洞穴

"爬行动物脑"或"蜥蜴脑"，这是你大脑结构中最古老、最基本的部分。爬行动物脑包含基底神经节（basal ganglia）以及控制基本生理功能（例如呼吸和体温调节）的自动中枢。它还管理那些自发的行为模式，以维系你的生存。换句话说，它负责帮助你保护自身、保护家庭和部落，以及繁衍后代，有时也被总结为战斗、逃跑、进食和繁殖。

地下室的生活只是为了生存，这就是全部。这里没有家的舒适，没有多余的东西或者异想天开的想法。只有活着、呼吸和生存。洞穴中的生活保证了你的安全。"爬行动物脑"能够识别熟悉的事物，同时让你发现威胁并做出回应。从它的角度来说，"安全永远胜过冒险"，因此往往过犹不及。发现风险后，如果过度重视，你就可能多活一天，而如果忽视，你就可能见不到明天的太阳！想象一下，水中有一只感知到威胁的鳄鱼——它不会召开委员会会议或者集思广益。啪嗒，咔嚓，砰砰，它只要简单地合上下颚，甩动尾巴，然后，一切就都成为历史！

扩建一：小屋

"小屋"是大脑的边缘系统，也就是大脑中控制情绪的部分，它包含一系列相互连接的脑结构，很大程度上决定了你的情感体验。边缘系统与基底神经节共同发挥作用，在你面对危险或威胁时（无论是真实的还是感知到的）触发情感反应。这个"情感脑"总是警惕着每一片光明背后的阴云。"情感脑"包括分泌激素以维持体内平衡的下丘脑，以及在学习、记忆和空间推理中发挥重要作用的海马体。"情感脑"还包括中脑腹侧被盖区（ventral tegmental area），它对你的以下情绪至关重要：积极性、奖励性刺激和对爱的强烈情感反应。

"小屋"中的多巴胺能神经元（dopaminergic neuron）与奖赏系统，

影响冲动行为。它还包括两个"杏仁状扁桃核"（按下这个"红色按钮"你就会产生压力），用来加工情绪，赋予你的记忆以情感意义。杏仁核利用大约三分之二的神经元来寻找威胁，一旦发现威胁，就会发出警报，将你的经历或周边状况存储在你的记忆中（海马体）。与此形成对比的是，积极事件需要你至少有意识地持续体验12秒，才会由短期记忆存储转为长期记忆存储。杏仁核还可以帮助你调节情绪，特别是关于生存的情绪（恐惧、愤怒、攻击），促使身体或战斗或逃跑，以便应对强烈的恐惧和焦虑情绪。杏仁核还能帮助你理解关于情感的记忆，在新记忆的形成过程中发挥关键作用，尤其是与恐惧相关的记忆。

"小屋"监控着你身体内外发生的事情。例如，根据某人的面部表情判断他是朋友还是敌人，或者确认环境中有没有消极或积极的苗头。在杏仁核感知到威胁后，边缘系统被调动起来应对威胁，肾上腺释放"压力激素"，促使心跳加速，血压升高，让你准备行动。随着杏仁核发出的信号越来越强烈，海马体内的脑细胞会死亡，从而让杏仁核平静下来。就这样，慢性有害压力的螺旋效应改变了大脑的结构，使"小屋"对压力更加敏感。当杏仁核处于慢性压力下的"红色警戒"状态时，"小屋"会影响大脑其他区域。这些影响包括削弱你的自控力和意志力，降低你的决策能力，减少你的注意力和专注力，同时让你一触即跳，变得更加易怒，表现得更紧张。

扩建二：温室

这个位于前部的脑区被称为前额叶皮质（prefrontal cortex）。可以把它想象成旧房子上的新"温室"（有地下洞穴的小屋）。"温室"与逻辑思维、大脑决策功能和语言有密切关系。虽然它与杏仁核有连接并对其产生一定程度的影响，但从杏仁核到前额皮层的相应连接要强得多。这就是为什么仅仅靠思考很难（甚至不可能）摆脱消极情绪。

把你的"温室"想象成是用易碎玻璃搭建成的，遇到恶劣天气很容易破裂甚至倒塌。同样，注意力分散和周围环境因素也可以令你的想法、周密计划和良好愿望偏离轨道。这就是为什么你要采用恢复性策略，用三层玻璃盖你的"温室"，保护你的思维，让你能够经受住风雨和冰雹的考验。"温室"上的太阳能电池板让你能够充分利用太阳辐射的温暖和能量，就像你在环境、人际关系和日常习惯中接触到积极向上的东西一样，能让你以开放、成长的心态思考问题，思路更加清晰，更富有想象力。

扩建三：智能住宅

这个延伸出来的空间容纳的是你的思维，我单独把它提出来讲一讲。因为尽管神经科学取得了很多进步，但没有人知道思维是如何产生的。意识，更准确地说，是超越大脑和身体的。还有一个事实是，你能在身体的其他部位体验到它——比如所谓的"直觉反应"和"发自内心的决定"。

心脏长久以来被认为是丰富的情感体验、精神能量和直觉智慧的中心。当被问及时，很多人都会毫不犹豫地承认他们体验感恩和爱的情绪，更多是在心里而不是大脑中。最近，人们逐渐意识到，心脏不仅是流露情感的地方，实际上它本身能够生发这些情感。心脏拥有一套复杂的神经系统，使其能够独立于你两只耳朵之间"负责思考的大脑"接收和编码信息。每一次心跳，心脏都会以复杂的模式发送关于激素、大脑和脑电活动的信息，在此基础上我们才能表达出自己的情感体验。换句话说，区别于负责认知和思考的大脑，心脏可以被视为一个独立的大脑。

有一句法国谚语这样说："感恩是心灵的记忆。"用"心脑"来形容情感体验中心再恰当不过了。事实上，我认为更合理的做法是将思维看作由几个独立但相互连接的部分组成——心脑、肠脑、惯性思维大脑（conventional thinking brain），以及意识。

整个神经系统的职责是成为经验、情感甚至思维本身的信息采集和处理器。虽然所有的想法、意象、情感和感觉都需要大脑神经活动，但思想体现了大脑的所有复杂性，甚至超乎其上。事实上，对想法和情感的自觉认知只是大脑功能的冰山一角，这些功能的原理涉及电化学甚至量子场论。思想并非物质，你无法测量它，然而，它是非常真实的。虽然可以认为大脑并不能完整地再现思想，但思想远远超出了大脑的范畴，还包括意识本身。

然而，大脑的结构设计和框架意味着你对恐惧、焦虑和生存的反应是与生俱来的。这其实是一件好事。事实上，应对负面情绪的固有机制是为了适应生存的需要，是你从远古时代热爱洞穴（同时生活在洞穴里）的祖先那里继承下来的进化遗存。继承这种早期警报系统使你能够察觉到环境中的潜在威胁。想想看，如果无法区分狮子和羔羊、愤怒的对手和友好的邻居、有毒的浆果和美丽的花朵，会有什么后果。底线就是：对危险保持警惕，关注威胁并采取行动，从古至今，这样做都可以保住人类的小命。面对威胁不能出错，为了活下去，你必须每天都要取得成功。因此，比起积极情绪，消极情绪（无论是情绪、感受、事件还是经历）会给你造成更严重的后果。这就是真相！我自己的亲身经历也印证了这一点。我曾经为上百人做过健康讲座，我的经验是，很多人都会觉得讲座非常鼓舞人心，信息量很大，之后我也会收到很多积极评论。但是，只要有一个人写下一个负面评论，就会产生难以磨灭的长期影响。举个例子：我现在还记得十多年前曾与有经验的家庭医生进行座谈，一位医生在反馈表上写下的话至今仍深深刻在我的脑海中——"你的积极态度让我恶心！"他尖刻的评论刺伤了我的心，就像刀子切入黄油，而那天收到的许多赞美则像五彩的纸屑一样飘散，被我遗忘在记忆的角落。当然，建设性的反馈意见非常宝贵，是不断进步之旅中的一份珍贵礼物。但关键是要削弱消极偏见的影响，不让它打破你的情绪平衡、改变你正确的看法或者扭曲你的世界观。

人类的负面偏见无疑是一种非常真实的现象。一个固有"事实"是，现有的生物基础意味着，对于大多数人来说，尽管他们知道自己内心是积极、善良、充满爱的，但在现实生活中，他们把大部分的时间和精力都花在了担忧、自我怀疑或沮丧上。虽然情绪可以随着想法而改变，但大多数时候是想法跟随情绪而变，这就是为什么在鼓励某人积极思考之前，要先培养积极的情绪，否则就会徒劳无功。

此外，有害的情绪和想法可以自我强化，导致负面情绪持续循环。当这种循环主导你的内心世界时，它会掏空你"情感银行的账户"，削弱你的情感储备。你的心理恒温器被设定为"反应模式"，这让你无法集中注意力，思维变得混乱，决策能力下降，并加剧了负面压力的循环。

负面偏见对你的日常行为、决策和人际关系有强大的影响力。想一想,你上次回忆自己的错误或者受到的侮辱是在什么时候?很可能你更多记住的是批评,而不是受到的赞美。批评和坏消息分量更重,打击力更强。

日 记

列出你与积极情绪相关的词语。现在列出你与消极情绪相关的词语。考虑到你的大脑结构与他人的一样,你很可能会更加关注消极情绪而非积极情绪,于是描述消极情绪的词语也就更多。

这一点得到了美国心理学家约翰·卡乔波研究的支持,他测量了参加者观看正面、负面或中性图像后的大脑皮层自发电位(brain electrical potential)。[1] 他发现观看负面图像后,参与者大脑前额叶皮质负责处理信息的部分会产生更强烈的反应。几乎在所有方面,坏的都比好的更有力量。你更愿意避免损失,而不是抓住机会赢得收益。从很小的时候起,负面信息就能吸引你的注意力,像魔术贴一样粘在你的记忆中,影响你的决策。

第一印象很重要:负面评价要比正面评价的分量大得多,坏名声比好名声更要紧。一个玻璃杯可以被描述为半满或半空,大致来说这不都是一样的吗?实际上并不一样,特别是当你解读这些信息时。如果你对

---

[1] J.T. 卡乔波、S. 卡乔波和J.K. 高兰(2014)。《消极偏见:概念化、量化和个体差异》,《行为与脑科学》,37(3),309—310。

这个玻璃杯的描述是"半空"，研究发现你对这个玻璃杯的看法会比起初描述为"半满"时更加消极。

想一想今天发生在你身上的20件事情。也许其中有10件是积极的，9件是中性的，还有1件是消极的。你记得最清楚的是其中哪一件事情？负面经历会引发比正面经历更强烈的反应。你会更加关注它们，常常认为它们更加合理可信，更容易以此为基础进行决策。回想起"糟糕的经历"并从中学习时，你的大脑是一个优等生，这些经历会直接渗入记忆。比如，你在工作中接受了一次绩效评估，被指出有几个方面可以改进。之后你感到愤怒，无法忘记这次"负面反馈"。或者你与搭档激烈争吵后，发现自己只关注他们的缺点并且夸大其词。又或者你一天的工作非常顺利，在一个重要项目中尽职尽责，你离开办公室后发现自己的车因为非法停车被锁住了。最终你回到家，觉得自己的一天"被毁了"。所有这些都是负面经历主导的例证。

在媒体方面，由于你存在负面偏见，你会自然而然地更加关注负面新闻。无论是主流媒体还是社交媒体，简单来说就是"血腥新闻才能上头条"。这就是为什么积极主动地筛选社交媒体的内容非常重要，这样你就能获得更多的积极信息。理想情况下，积极信息和消极信息的比例至少是4:1，不是4:0，现实生活从来都不会否认、压制负面情绪或坏消息，而是会让你充分认识它们对你的思维和幸福产生的巨大影响。

罗伊·鲍迈斯特是我曾提到过的世界顶级意志力和自控专家之一，他谈到了"少吃猪食"的概念，即确保每看到一条负面新闻，至少要看四条正面新闻。他还描述了媒体如何倾向于"逆向恐慌法则"（inverse scare law）——危险越遥远，警告就越严重。

心理学家丹·吉尔伯特也描述过一种心理倾向：在事情趋于好转的时候，会对事物变得更加苛求，从而产生没有任何改进的错觉。这就是为什么尽管几乎所有可以想到的幸福指数都有所提高，但许多人对未来的希望却比以往任何时候都要少。

当然，负面偏见并非完全是坏事。事实恰恰相反。负面偏见可以让你提高警惕、避免危险并采取适当行动。除此之外，学会利用负面情绪对你是有益的，可以提高你的决策能力，剪除消极的思维模式。负面情绪可以提高你的专注力、内驱力和思维能力。只要意识到存在负面情绪，你看待世界时就会更加开放和客观，就能更好地控制杏仁核（产生恐惧、焦虑和有害压力的中心），减少冲动，提高毅力，做出更加理性的决策。认知能让人更清醒。了解自己大脑各部分的结构，以及大脑固有的负面偏见，是用不同方式看待事物的起点（或者至少考虑这样做的可能性）。然而，这种意识很大程度上是基于你的前额叶皮质（"温室"）做出的逻辑决策，而我们知道，前额叶皮质受制于大脑情绪部分（"小屋"）中的杏仁核。

这就是为什么为了克服这种消极偏见，你需要用不同的方式去感受和体验事物，养成向自己的"情感账户"存入积极情绪的习惯。这就是积极心理学的理念和支援策略的用武之地。

积极态度的好处

传统心理学在许多疾病的诊断和治疗中仍然发挥重要作用。它主要关注抑郁和功能障碍——"你有什么问题，我们来试着解决"——也许可以将你的主观幸福感从低分（十分制中的两分、一分，甚至零分）提高至五六分。

积极心理学完全颠覆了解决问题的观念，专注于发掘你的优势，以及如何获得更多的快乐和幸福，而不仅仅是缓解痛苦。该学科的创始人马丁·塞利格曼在职业生涯早期致力于研究习得性无助（learned helplessness），以及它与丧失自主性、抑郁之间的关系。后来，他研究习得性乐观（learned optimism）、积极性和幸福感，改变了自己的心态（包括看待世界的心态）。随后，他提出了一种更全面的生活理念，被称为"繁盛"（flourishing）。

积极心理学是对生活价值进行科学研究的学科：一套基于证据的工具和策略，专注于积极的想法、观念、情绪和感受，以增进健康，提高幸福感。用数字来比拟，这意味着你将自己的主观幸福感从十之五提升到十之七八或更高的水平。

作为一种基于长处的生活方式，积极心理学关注的是强项而非弱项，关注的是充实生活而非消耗生活，关注的是发掘更多优点而非修复缺点。看待事物的方式改变了，你看到的事物也会开始改变。例如，保持积极心态会看到更多机会，怀有消极心态则会看到更多障碍。一切都从微小的积极变化中受益。一点点额外的积极性可以让事情峰回路转，你看到的和体验到的都将与以往不同。本书中的许多理念都以积极心理学为坚实的基础，包括重构、感恩、善良、优势、资本化、目标、乐观、锻炼和正念。

每个人都会遇到挫折，也都会在生活中经历困难。日常的压力，例如经济负担、家庭问题和有害的人际关系，都会严重影响你的精力和健康。人们往往倾向于把这些问题掩盖起来，不惜以自己的健康为代价继续前行。积极心理学不能神奇地消除这些问题，但是可以改变你对它们的看法。培养出这种技能，你会在负面经历中找到更多的意义以及学习和成长的机会。

回想一下你曾经历过的危急时刻。你是如何应对的？是冷静、沉着地考虑所有选择，还是本能地做出战斗或逃跑的反应？你生来就能产生这些负面情绪：它们像魔术贴一样粘在你身上，而短暂的积极情绪则会从身上弹开。

更加妥善地处理负面情绪意味着接受负面情绪将始终存在，但你会更加机敏地应对情绪问题，更妥善地处理和管理负面情绪。更多情况下，你不再被动地做出反应，而是主动地回应，你面对困扰的忍耐力更强，经历负面事件后恢复得更快。于是未来的你会越发乐于体验那些带来积极情绪的事情。

拓展和增强与自己的积极情绪打交道的过程，正如著名心理学家芭芭拉·弗雷德里克森所描述的那样，目的是拓宽认知，提高应对负面情绪的韧性。这意味着负面情绪是真实存在的，并且与积极情绪共存——一个不能替代另一个。"拓展和增强"会引发好奇心、提高创造力、激发实验精神和游戏心态。反过来，这又将带来新的积极情绪。未来，积极情绪令我们更容易在情境中找到希望。

在20世纪初期，《波莉安娜》先是作为小说畅销，随后成为百老汇热门剧目和电影大片，它讲述了一个年轻女孩波莉安娜与她（异常）悲惨的姨妈一起生活的故事。尽管面临重重困难，但波莉安娜仍然玩起了她的"开心游戏"，在各种充满挑战的情况中找到至少一件好事（一线希望)。即使一次事故后她的双腿没法再走路,但她通过充满感恩的视角重新审视了这一逆境(毕竟她曾经能走路)。她变得如此精通此道,以至于她的情绪感染了整个社群,给镇上的许多人带来了积极的好处。尽管被许多人嘲笑为"想得美",波莉安娜主义背后的科学令人信服地提供了强大的心理保护,抵御有害的消极情绪。

当你不必被迫"战斗"或"逃避"时,你的思维会更有创造力和灵活性,面对下一步要做的事情思路更加开阔。随着周边视觉范围的扩大,你的注意力提高,也能更好地关注全局。积极情绪打开了你的心扉,拓展了你的思路,让你对所处环境有了更全面的了解。你看到的东西更多,见微知著的能力就更强。从更宏观的角度看待负面情绪,可以培养你的坚韧和脚踏实地的乐观主义精神。你从逆境中恢复得越快,你的韧性就越强,应对事情的手段也越多。这有助于心理健康,因为你能够抵抗抑郁,以超脱的眼光看待焦虑或有害压力。

积极情绪与消极情绪之比超过3∶1后,积极情绪就会带来多种多样的好处。换句话说,每出现一份消极情绪就对应有三份积极情绪。这是"繁盛"的比例,虽然大多数人积极情绪与消极情绪之比约为2.5∶1,但这还不足以达到积极情绪的临界点,无法消除消极情绪的有害影响。如果积极情绪和消极情绪的比例很小,例如比例为2∶1或更低,则被描述为"衰弱"。让更多积极情绪充实你的"情感账户",你会感到更加幸福,并在达到"繁盛"的临界点后实现螺旋式上升。

积极情绪甚至可以影响你的心脏。心率变异性(heart rate variability,HRV)用来描述心脏节律(heart rhythm)自然发生一个一个节拍的节奏变化。它关注的不是降低心率,而是心脏节律模式如何改变。它是一种分析心脑联系以及应激或放松反应机制的方法。如果你体验了恐惧、嫉妒、愤怒或焦虑等有害情绪，心脏节律可能变得越发不规则和紊乱，这意味着应激或放松反应之间失衡，转而出现应激反应。

另一方面，与持续的积极情绪——爱、感恩、希望、好奇、喜悦和同情——相关的是更有序、更顺畅和更连贯的心律模式（heart rhythm pattern），原因是交感神经系统和副交感神经系统之间取得了更好的平衡，向松弛反应（relaxation response）转变。这种状态被称为"心脏协调性"（cardiac coherence），可以对整个身体产生多种积极影响。首先，它可以增强心脏和大脑之间的同步性，提高大脑中 α 波的活跃度，让人更加平静、放松。其次，松弛反应发生后，它似乎能够微调其他身体系统和功能，包括呼吸节律（breathing rhythm）、血压和肠道功能。第三，它可以引发一种被称为"心脏共振"（cardiac resonance）的状态，使全身的细胞和循环系统运作得更顺畅、更高效。这可以改善身体健康状况，并且从长远来看，定期出现心脏共振可以让人更长寿。培养感恩之心、赞赏之情并一直保持下去，可以带来更多的心脏共振。

心流是一种普遍的心理体验，其特点是进入这种状态时毫不费力，进入后你会自觉精力充沛，同时伴随着深深的愉悦感。在心流这种体验中，你会专注于当下，摆脱过去或未来的压力。你处于巅峰状态：通过巅峰表现，获得巅峰体验。

许多人在看似简单的生活情境——开车、烹饪、学习、园艺、富有创造性的任务或令人满意的工作中，不时地体验到心流。例如，打网球是一项经常能够体验到心流状态的运动。它有一套明确的规则，需要恰当的反应。球必须被打回对手的场地，你的行动是否成功立见分晓。

然而，每个回合结束后，没有人纠结上一次谁得了分，他们只是重新集中注意力，回到心流状态。在你从心流状态中走出来后，你的自我意识、自信和自尊都会得到增强，因为你清楚自己已经自信而优雅地战胜了挑战。在生活中创造心流体验可以打开通往真正内心幸福的大门，是创造更富有成效、更有意义的生活的重要方法。当你学会更多地活在当下时，你可以在做小事中找到心流状态。你甚至可以在与朋友交谈时感受到它。认识这些心流时刻，当你发现自己处于心流状态中时，你就能更方便地将它们引向生活的其他领域。正如俗话所说，更多心流，更多成长。

实践出真知

以威廉为例，他是我的另一个病人。多年来，他渐渐地越来越依赖酒精，一直在我这里就诊。当然，否认往往是这种疾病的关键因素，所以威廉花了很长时间才承认有必要接受治疗（原因包括伴侣关系破裂，多次缺勤导致雇主发出"给你最后一次机会"的警告）。他进行了短期戒酒治疗，然后在戒酒中心接受了30天的治疗，又连续两年得到帮扶。虽然威廉已经停止饮酒，但他仍然需要学习如何在情绪上摆脱依赖。

他酗酒的根源是自卑、社交焦虑和情绪低落。酒精最初解放了他的自我，让他感到无拘无束、无忧无虑。然而，作为一种天然的抑制剂，酒精最终使他的症状变得更加严重，进入了一个永无止境的恶性循环。

威廉康复的起点是接受现实，这成为他最终康复的基石。他懂得了灵活调动情绪有多么重要，不压抑自己的感受，也不否认负面情绪的存在。他明白焦虑、恐惧甚至愤怒都是人的一部分，也是全部生活情绪的正常组成部分。同时，鉴于它们可能带来强烈的"宿醉效应"，他意识到至关重要的是每天要一点一滴地投资自己的健康，确保日常经历中有足够多的积极情绪。这些微小的积极时刻包括学会享受生活中的小事，比如喝一杯美味的咖啡或者在大自然中散步。他重拾毕生热爱的钓鱼，创造出引人入胜的体验和心流状态，以此获得了源源不断的积极情绪。他还发现了提供支持的社会关系有多么重要，必须拥有鼓励和赋予他力量的人际网络。那是两年前的事情，威廉至今仍在不断成长，变得越来越强大。他学会了每天只活在当下，利用每天微小的积极时刻让自己茁壮成长，让生活充满活力。

积极心态的处方

"繁盛"是马丁·塞利格曼对幸福的描述，它包括五种分离但相互关联且可以独立测量的要素。这是一个积极关注继而采取具体措施过上"美好生活"的持续过程。"繁盛"包括为世界带来有意义的改变，体验积极情绪、快乐和赏心乐事，发挥自己的优势和才能，同时建立深厚的人际关系。在塞利格曼于2011年写的书《持续的幸福》中，他用PERMA这一首字母缩写来描述这些要素，它代表积极情绪（positive emotion）、投入（engagement）、人际关系（relationship）、意义和目标（meaning and purpose）以及成就感（accomplishment）。请你根据以下问题和提示进行思考，看看是否能提高自己的"繁盛"指数。

○你是否在每天、每周或偶尔体验到积极的情绪，比如感恩、期待、宁静、敬畏、乐观和热情？你能想出办法为生活带来更多此类积极情绪吗？

○投入是一个过程，是完全沉浸在你喜欢并擅长的活动中。你能否选择一项活动——无论是完成工作任务、为孩子做午餐还是安排与朋友见面——然后全身心地参与其中？

○能够建立支持性的、富有意义的关系，是充实生活的关键。你能否找出一段你希望在自己的生活中进一步发展的关系，并且切实努力安排与那个人见面呢？

○通常情况下，投身更宏大的事业会让你找到意义和目的。你能否想到一个你愿意无条件支持的事业，并承诺从某个时间点开始着手去做呢？

○你能否设定与自己的价值观一致的目标，进而努力去追求？成就感会产生积极的能量，所以，要在生活中找到一个可以让自己努力工作以提升自己的领域。

能灵活调动情绪的人不会否认或压抑消极情绪，相反，他们会将消极情绪视为自己的重要组成部分，积极主动地加以应对。与此同时，他们会抓住每一个机会来培养更多真挚的积极情感。

正如爱因斯坦曾经说过的那样，也许你一生中最重要的抉择就是：你认为自己生活在一个友善还是充满敌意的世界中？如果你相信自己生活在一个充满敌意的世界中，你会发现自己的生活中有很多观念与你的观念冲突。有更多的敌意、嫉妒和不受控制的自我，人们就会想战胜、伤害和摧毁彼此。

活出生命力

如果你相信自己生活在一个友善的世界，你就会采取相应行动，积极寻找证据来支持自己的世界观。在一个人们联系更加紧密、更倾向于彼此合作、更愿意奉献的世界中，你度过的时光越多，体验到的爱、喜悦和同情就越多。

对积极心理学的主要批评之一是它过于关注积极情绪，忽视了消极的一面。当然，这并不意味着情绪只能或总是积极的，这既不可能也不可取。对现实有扭曲的看法，忽视所有消极的可能性，认为自己比他人更优越，这些都会让自我提升之路偏离正轨！非理性的兴高采烈和强烈的悲观主义一样有害。

我想说的是，一切都在于平衡，更具体地说，是重新平衡你与生俱来的消极偏见，让自己变得更积极，既不被问题蒙蔽，也不对问题视而不见。要明白，虽然你的消极偏见是天生的，但你可以有意识地克服它，方法就是在日常选择和对话中引入更多微小的积极时刻。体验更多积极情绪有助于重新平衡自己内在的消极偏见，更有建设性地处理消极情绪。正如中国西藏谚语所说："如果你每天都好好利用每一分钟，岁月自然会照顾好你。"你生命中最重要的一分钟是哪一分钟呢？这就是微小而积极的渐进式改变的理念，是重塑你的视角，重建你的世界观，并从生活中收获更多活力的机会。有一句格言也表达了同样的意思："水罐是一点一滴灌满的，同样，智慧之人也是一点一点用美好将自己充实的。"

第二部分

活力之体

这部分的重点是鼓励自己珍视健康，将其视为无价之宝，同时更加积极主动地维护自身健康。从恢复性睡眠、有规律地运动和锻炼，以及选择有益于新陈代谢和改善肠道微生物群的营养食品等方面，为身体健康打下基础。随着促进健康的基因成为关注的焦点，你的气色和状态会越来越好。强化免疫系统，你就可以更好地对抗炎症、延缓衰老。

睡眠：天然的"活力药丸"

有时候要多说话，有时候要睡觉。

——荷马

想象你一觉醒来，在头条新闻中看到一种神秘的新药丸刚刚投放市场。经过多年的全面试验，它被认为非常安全，不会让你有任何不良反应。大量科学证据证实，它对人体健康具有多种好处——它是整体活力的源泉。你可以在晚上（疲惫或劳累时）服用，第二天早上醒来就会精神焕发。它能改变你的状态，让你的精力更加充沛，心情更加愉悦。它能增强你的学习能力、记忆力和意志力。它帮助你更好地调节食欲、提高新陈代谢。它减少你安慰性进食的次数。它能减轻你体内的炎症，从而降低你患心脏病、中风、糖尿病甚至痴呆的风险。它能提高你的专注力，延长你保持注意力的时间，减轻你的抑郁和焦虑，同时能更主动地向你的"情感账户"存入更多积极情绪。它能强化你的免疫系统，让你更有效地抵抗感冒和病毒。它能增强你的活力，延缓你的生理性衰老。

也许最重要的是，这种"活力药丸"是免费提供给你的，无须医生开处方，它叫作恢复性睡眠。当然，你的睡眠质量和数量都要满足要求，这样才能将所有预期的健康福利直接送到自己的"收件箱"中。

睡眠的这段时间绝非简单的停工或休息，而是丰富创造力和提高认知能力的重要时机，这一点是得到公认的。睡眠不仅能提供复杂的"大脑化学物质平衡"和有效的"大脑碎片清除系统"，还能巩固记忆、提高学习效率。总而言之，睡眠是恢复、"充电"和"充分更新"的催化剂。

本杰明·富兰克林曾说："早睡早起，能使人健康、富有和明智。"这是一句至理名言，然而如今许多人在睡眠上却很小气，根本没有足够的睡眠来维持健康和幸福。我的叔叔布兰登是一位家庭医生，被称为"聪明的猫头鹰"，他在谈到睡眠时曾反复强调"午夜前的一个小时，抵得上午夜后的两个小时"。随着我们越来越了解睡眠科学，他的忠告变得越来越有智慧！

不幸的是，这种智慧与我作为一名年轻医生的现实生活相去甚远。在我的生活中，睡眠不足是一种文化常态。这种放弃睡眠的要求以及随之而来的疲惫，是一种普遍的生活事实。如今，这种"少即是多"、多少有点受虐狂倾向的睡眠态度，依然在许多工作环境中流行，睡眠往往被视为与生产目标和成功相悖的存在，在企业界尤其如此。实际上，长期以来睡眠不足几乎受到顶礼膜拜，对许多人来说，它代表斗志昂扬的力量感和卓越的生产力。

你可能有很多为自己辩解的理由——需要处理收件箱中堆积如山的电子邮件，需要召开跨时区的在线会议，被奈飞或社交媒体分散了注意力。也许这些理由仅仅是有小孩的职场父母面临的日常挑战。

但睡眠不足的另一面是警惕性和专注力下降。虽然美式咖啡可能会让你兴奋起来，完成有规律的重复工作，但它不会帮助你完成需要更高层次创造性思维的任务。缩短你的睡眠时间，只不过是用明天的潜力来换取今天的短期利益。

在我们的祖先生活的时代，人们日出即起，日落即睡，这种作息方式与内在的生物钟关系密切。近年来，这种简单的睡眠方式引起了我的极大注意，因为我看到越来越多的人因睡眠紊乱而健康受损。

随着24小时灯火通明的文化盛行（以及最近人们对数字设备的爆发式上瘾），许多人发现自己沉浸在永远"开机"的环境中。从轮班工作制、争分夺秒的环境和长时间通勤，到空调、屏幕和社交媒体，你所处的环境越来越不利于健康的睡眠模式，更不用说每天摄入咖啡因、熬夜和酗酒。你的注意力越来越分散，真正的休息时间越来越少，无法规避各种"噪声"，从而无法为自己"充电"。

神经科学家和睡眠研究者马修·沃克在他的《我们为什么要睡觉》一书中指出，大脑在清醒16小时后就会开始失灵。连续10天每晚只睡

6小时，对工作表现的削弱不亚于连续24小时不睡觉。你为此付出的沉重代价不仅有睡眠质量（和数量），还有健康和活力。

你的睡眠充足吗？一觉醒来是否感觉神清气爽？你会在周末或休息日疯狂地补觉吗？你是否每天晚上都盯着距离眼睛只有几英寸的手机屏幕或几英尺的平板电脑？

如果你睡眠不足，那么你并不孤单。虽然世界卫生组织建议成年人每晚睡眠8小时，但研究表明，约有三分之二的成年人达不到这一标准，平均每晚睡眠时间不足7小时。事实上，每5个人中就有1个人或者说20%的人每晚睡眠不足6小时，这对他们的健康造成了非常不利的后果。[1]在过去的几十年里，睡眠不足的人越来越多。极少数人（据认为不到总人口的1%）具有"睡眠不足"的遗传倾向，每晚睡眠不足6小时也能正常工作。虽然你有可能是这种情况，但大概率讲这肯定对你不利！

睡眠的科学

从打瞌睡到做梦，每个睡眠周期大约持续90分钟，几乎每个人每晚都需要5个睡眠周期（7.5~8小时）。在一个睡眠周期中，人会经历四个不同的阶段。

○ 第一阶段：浅睡眠、打瞌睡、容易被唤醒。这是午睡的最佳阶

---

[1] 《睡眠相关行为：12个州》，2009（2011）。

段，为什么午睡时间超过20分钟会残留困倦感，因为你已经进入了更深度的睡眠阶段。

○第二阶段：更深度的睡眠，体中心温度（core body temperature）降低，这预示着体内正在经历恢复过程。这些过程包括清除一天中积累的大脑代谢废物、蛋白质和DNA的碎片。

○第三阶段：这是最深度的睡眠阶段（慢波睡眠，或称δ-睡眠）。在这一阶段，你醒来会有迷失方向的感觉。

○第四阶段：这一阶段被称为快速眼动睡眠（rapid eye movement sleep），其特点是眼球快速运动。这是做梦和处理情绪的阶段，能消除恐惧和焦虑。在这一阶段，你醒来后更有可能记住自己的梦。

科学研究表明，几个独立的系统在一天中协同作用于人体，影响人的清醒和困倦。首先是身体内部的时钟，即所谓的"体内平衡"，它受到身体内部信号的影响。在最基础的层面上，清醒的时间越长，人就会变得越困。随着时间的推移，腺苷（adenosine）和代谢废物在大脑中积聚，从而增加"睡眠压力"，提高你的睡眠欲望。因此，一般来说，当你清醒的时间超过16小时的时候，大脑就会失灵。

其次是昼夜节律（circadian rhythm），昼夜节律来自拉丁语 circa（围绕）和 dies（一天），它受到明暗周期的影响。昼夜节律使人体在24小时内的运行协调一致。它由大脑的视交叉上核（suprachiasmatic nucleus）调节，受褪黑素（melatonin）等激素分泌以及自然（和/或人造）光线的影响。几千年前，每当日落时分，大脑的这个主时钟就会告诉松果体（pineal gland）释放大量诱导睡眠的激素褪黑素。这就向大脑和身体发出信号：天黑了，该减少活动睡觉了。

最后，大脑中还有一些非常复杂的神经网络，它们相互作用，打开或关闭"睡眠开关"。例如，腹外侧视前核（ventrolateral preoptic nucleus）促进睡眠，而大脑中的其他兴奋中心（包括网状激活系统），则促进清醒。

一旦入睡，大脑在整个睡眠过程中都会非常活跃。事实上，睡眠时大脑血流量会明显增加（非快速眼动睡眠时可能会增加 25%，快速眼动睡眠时至少会增加 70%）。

关于睡眠，虽然科学界仍有许多问题有待了解，但现在人们已经认识到，获得充分与高质量的睡眠对休息、"充电"和"更新"至关重要。

睡眠的好处

睡眠对你每天的注意力、身体机能和状态至关重要。认识到这一点就是一个好的开始，要做的第一件事就是养成恢复性睡眠习惯。与其纠结于睡眠对健康有什么好处，不如扪心自问，有哪些健康问题是无法通过睡眠解决的。睡眠完全可以成为增强活力的好方式。如果你思考一下，会发现睡眠能给健康带来巨大好处的说法是完全有道理的，因为这是一种在人类进化过程中一直延续的日常程式。我们的祖先凭直觉就能理解恢复性睡眠的这些好处，而现在，在 21 世纪，科学家对这一浮现出来的活力之宝有了新的认识。

睡眠质量可以决定你能否对抗感染或应对压力，决定你的创造力和决断力，甚至决定你的饭量！简言之，要想改善身体健康状况，增强免疫力，提高心理健康水平，增强记忆力和学习能力，就多睡一会儿。因此，我们仔细研究一下：关于你的健康和活力，睡眠到底是如何做到面面俱到的。

对身体的影响。睡眠不足会使皮质醇等压力激素分泌水平升高，从而使血管变窄、血压升高。此外，生长激素分泌水平（通常在夜间慢波睡眠时产生，可以修复被皮质醇破坏的血管）也会因睡眠不足而降低，从而破坏与皮质醇的自然平衡。因此，你会整天沉浸在更多的皮质醇中，持续保持"战斗或逃跑"的状态。这对你的身体活力产生了一系列负面影响，包括健康的各个方面，没有任何一个系统可以幸免。难怪长期睡眠不足可能会缩短你的健康寿命和预期寿命。

睡眠时，心率和血压通常会下降，因为人体会抑制交感神经系统（负责应激反应），增强副交感神经系统（负责休息和消化、暂停和计划，通过应激反应"充电"）。

睡眠不足会提高白细胞介素 -6（interleukin-6）等炎症指标，从而增加罹患动脉粥样硬化（atherosclerosis）和冠状动脉疾病的风险。

许多研究表明，每晚睡眠不足 6 小时，心脏病发生风险会显著增加。对于 45 岁以上的中年男性来说，每晚睡眠不足 6 小时者的心脏病发生风险可能比睡 8 小时者高 200%。

睡眠质量差、时间短会增加罹患以下疾病的风险：高血压，心律失常（包括心房颤动、心律不齐），以及心脏病和中风。

长期睡眠不足是 2 型糖尿病的一个重要诱因。即使只有一周的睡眠失调，也会影响血糖水平，引发糖尿病前期（prediabetes），即空腹血糖升高。

每年3月，很多西方国家都会实行夏令时，数以百万计的人因为时钟往前拨而失去一个小时的睡眠时间。在此后的第二天，心脏病发病和道路交通事故发生的概率会大幅度上升。与此相反，在秋天，当时钟向后拨时，人们会增加一个小时的睡眠时间，心脏病发病和道路交通事故发生的概率会在第二天大幅度下降。

睡眠不足也会严重影响免疫系统。首先，人体会产生更多的炎性细胞因子，从而增加罹患心脏病的风险，促进胰岛素抵抗（insulin resistance，可导致糖尿病）。其次，受到感染后的抗体反应会降低，增加临床感染的风险。例如，研究发现，如果一个人睡眠不足，接种流感疫苗后产生的抗体可能会减少50%。

第三，睡眠不足会消耗自然杀伤细胞（natural killer cell），从而增加病毒感染的风险（每晚只睡4个小时可能会令自然杀伤细胞的循环水平降低达70%）。

睡眠不足会导致多种大脑激素分泌水平失衡。胃促生长素分泌水平升高会让你感觉更饿，想寻找更多的食物。你会对自己说："我还是饿。"通常情况下，能发出"我吃饱了"信号的瘦素（leptin）分泌水平会降低，因此你更想继续吃东西，吃饱后的满足感也会降低。内源性大麻素（endocannabinoid）分泌水平升高，会让你产生"极度饥饿"的感觉（就像吸食大麻后一样）。睡眠不足通常会导致你第二天渴求多摄入至少300卡路里的碳水化合物。[1]

---

[1] E.C. 汉隆等（2016）。《睡眠受限会增强内源性大麻素2-花生四烯酸甘油酯的日循环水平》，《睡眠》，39（3），653—664。

整天沉浸在更多的皮质醇中会削弱你的意志力和自控力，同时释放更多的胰岛素，致使你更容易感到饥饿并储存更多的脂肪。

此外，睡眠不足被认为不利于节食过程中减少脂肪，反而会有选择性地减少肌肉。同样，睡眠不足也会影响肌肉的表现，例如耐力下降、耗尽力气前的时间更短，受伤风险也会增加。

对精神的重要性。恢复性睡眠是一种十分有效的大脑神经"充电"方式。在非快速眼动（NREM）睡眠过程中，大脑中的类淋巴系统（glymphatic system）会收缩达60%，使脑脊液（CSF，给大脑洗澡的液体）能够清除"大脑代谢废物"。这些代谢废物包括一天中不断积累的应激分子（stress molecules）、蛋白质碎片、DNA、淀粉样蛋白（amyloid protein）、β蛋白和tau蛋白。类淋巴系统一边清除这些废物和神经毒性化学物质，一边参与向整个大脑输送营养（如氨基酸、葡萄糖和脂质）的任务。一个有助于你理解的比喻是，想象像挤压一块海绵那样来清理大脑代谢废物，而这一切都在你睡觉的时候进行。如果睡眠不足，这种"海绵效应"就无法有效发挥作用，从而损害你的记忆。

睡眠为记忆提供了一个高效的过滤和归档机制。它将海马体中储存的短期记忆转移到新皮层中进行长期归档，从而提高学习效率，巩固学习内容。这样就解放了海马体，使它能够学习更多的东西，而不会短路和超负荷。

睡眠还可以删除某些用处不大的记忆，以此帮助你清理大脑，比如上个月第一天吃了什么早餐。此外，如果你睡眠不足，大脑吸收新信息就会更加困难。睡觉的时候，你的大脑会继续处理白天获得的数据和信息。加之，在神经功能重塑的过程中，你会形成新的大脑连接，进一步建立和巩固自己的记忆。在你整晚的睡眠过程中，你的潜意识会继续积极地寻求新发现，探索有挑战性的解决方案，研究新问题。看起来陈述性记忆（例如，记住某些事实，如爱尔兰首都是都柏林）是由深度睡眠支持的，非陈述性记忆（如学习网球发球）则是由快速眼动睡眠支持的。

由于存在一种被称为"微睡"的现象，因困驾而造成的事故很常见，而且呈上升趋势。在这种情况下，短暂几秒钟的注意力不集中，都可能会造成严重的后果。当大脑暂时切断与外界的联系时，就会出现这种现象，而且通常出现在每晚睡眠时间少于 7 小时的人身上，最终可能会造成灾难性后果。

睡眠不足会导致皮质醇和肾上腺素等压力激素的分泌增加，从而带来焦虑和有害压力。你会变得更加心烦意乱，注意力不集中，关注的焦点不清晰，注意力持续时间减少，决策能力受损。由于视野狭窄，你对环境和经历的反应更加消极，这会影响你的工作效率和表现。总而言之，你的抗压能力会下降，意志力和自控力会减弱。

毫无疑问，改善睡眠是维护健康积极心理的一项重要投资。早睡可以在一定程度上防止重度抑郁症，睡眠不足则可能会诱发或掩盖某些心理健康问题，好斗和其他行为问题也可能被激发出来。如果未能获得一夜良好睡眠带来的好处，你就会在整体健康方面付出代价。

情绪和精神。杏仁核是大脑中的情绪警报器（"红色按钮"），天生就与恐惧、消极情绪和生存本能相关。正常情况下，理性思考的大脑（前额叶皮质）和杏仁核之间有一种微调的平衡机制，可以阻止恐惧和焦虑的情绪不断消耗你。

睡眠不足时，大脑逻辑和情感部分之间的这种平衡机制就会受损。来自杏仁核的"噪声"会变得更大，从而让你感觉更加紧张、恐惧和焦虑。当你的情绪变得消极被动时，你的"情感账户"中的积极情绪也会消耗殆尽。你变得对感恩更加迟钝，越发自我陶醉，体验同情和怜悯更是难上加难，对压力的反应更加迟钝，应对方式越发激烈。睡眠不足时，你更有可能说"何必呢"，而不是"为什么不呢"！

此外，睡眠不足时，大脑靠近杏仁核被称为纹状体（striatum）的区域（与冲动决策有关）会变得亢奋，结果你更容易屈服于冲动的想法和欲望。情绪波动和感情用事会给成瘾行为带来真正的麻烦，提高成瘾行为的复发率。

睡眠不足时，你暂时短路的杏仁核大体上缺少对常情、高阶思维或善良的理解。它只对生存的基本要素感兴趣。这是非常可惜的，因为你剥夺了自己创造力的可能性。创造力通常在你处于快速眼动睡眠阶段做梦时得到提升。睡眠不足会干扰这些情感回路的校准。事实上，与大自然相处最令人惊叹的好处之一是你会进入一种心流状态。在这种状态下，你可以停止内心的吹毛求疵，释放积极的激素，并将自己的脑电波转变成一种平静的、像 α 波一样活跃、放松的状态。在这种状态下，你可以思考、感受并最大限度地发挥自己的创造力。简言之，睡眠不足会让你难以摆脱世界的喧嚣，难以重新找回敬畏心、灵感或对卓越的追求。

日本有一个词叫"inemuri"，翻译过来的意思是"在工作、会议、课堂等公共场合打盹的行为"。睡眠不足导致"在场主义"流行，即人们在工作时身体在场，但功能受损，工作效率大大降低。具有讽刺意味的是，睡眠不足会导致一种感知上的视而不见，或者，就像我听到的那样,"灯亮着,但家里没人"!你在大脑中会感知到自己的生活现实,但是,当你睡眠不足时,你的大脑就无法理解睡眠不足对你的影响。

虽然许多人试图通过周末补觉和定期补充咖啡因提神的方式来弥补睡眠不足,但这只会掩盖睡眠不足给整体活力带来的问题。事实上,研究发现,三个整晚的恢复性睡眠(超过一个周末的睡眠时间)不足以在持续一周睡眠不足后将你的表现恢复到正常水平。此外,西方国家的许多人长期夜班工作,这对他们的睡眠模式造成了严重影响,同时增加了体内褪黑素长期缺乏的风险。

实践出真知

几个月前,我接待了一位叫安妮的病人,她来就诊是因为她的公司有健康计划,她承认一段时间以来自己感到疲劳,而且越来越容易烦躁。这在全科诊疗的患者中很常见,可能的原因也有一大堆。在我见到她之前,她自己的全科医生已经通过血常规检查排除了贫血(缺铁或维生素 B_{12})、炎症、甲状腺问题和糖尿病。我们立刻就把注意力转移到她的日常生活方式。她缺乏持之以恒的锻炼习惯,喜欢吃含糖的碳水化合物(尤其是在晚上),睡眠质量也很差。

原来,安妮多年来一直睡不好觉,整个晚上醒来几次后都难以入睡。为了补救,她会喝很多咖啡"让我挺下去",晚上还经常喝一两杯葡萄酒"放松放松"。

尽管安妮相对来说还很年轻,只有31岁,但她在一家大型科技公司担任高级职务,深夜收发电子邮件是家常便饭。此外,她还把手机带到床上,在深夜里沉迷于浏览社交媒体。

安妮对睡眠科学有了更多的了解，知道自己目前不良的睡眠习惯不仅破坏了自己的短期健康，还影响了自己的长期健康后，她渴望做出一些改变。

我们首先在晚上安排她"放松"，睡前90分钟不使用任何科技产品。这让她从与工作有关的忙碌中"醒脑"，并消除了在深夜被蓝光照射带来的一切有害后果。考虑到咖啡因的半衰期较长，她只在早上喝咖啡，并接受建议在一天中的晚些时候只喝脱咖啡因的咖啡或绿茶。除特殊场合外，她不再饮酒。几周后，安妮感觉好多了。自觉一事无成时她也不再感到精疲力竭。她觉得自己的心情开朗了，意志力也更强了。我鼓励安妮进一步改善自己的睡眠习惯，定期进行锻炼（虽然不是在深夜），并且多在大自然中散散步以恢复元气，尤其是在周末。现在，安妮的睡眠比以前好多了。但她偶尔还是会有睡眠不好的情况出现，尤其是在工作特别忙的时候。为此，安妮开始练习冥想。在学会优先考虑睡眠后，安妮获得了更多的能量储备、更强的复原力和更富有的"情感账户"。简言之，将睡眠视为健康守护者之后，她现在每天都能更好地思考、感受和生活，接近她理想中富有创造力的状态。

睡眠的处方

根据美国睡眠医学会的说法，你每晚至少需要睡7个小时，最多可能需要睡9个小时。当然，这个变动幅度很大；要确定你的最佳睡眠时间，可以问自己一个有趣的问题：每天早上不借助闹钟醒来时，是否自然而然地感到神清气爽。如果是，那么你的恢复性睡眠很可能是充足的。作为一名医生，我经常接诊有睡眠问题和失眠的患者。虽然良好的睡眠有很多变数，但我作为医生发现有一些经常出现的模式，我相信它们能真正改善你的睡眠质量。我下面推荐的一些策略会帮助你建立更健康的睡眠模式。

按时间有规律地就寝和起床能带来真正的好处。周末睡懒觉并不能完全弥补一周的睡眠不足，反而会让下周一早上更难起床。提供一个建议：上闹钟不仅是为了叫自己起床，也是为了提醒自己每晚减少活动和上床就寝。运动是有益于身心健康的绝佳习惯，能促使建立健康的睡眠模式。运动可以增加整体睡眠时间，延长慢波睡眠的时间。不过，最好不要在睡前两三个小时内运动，因为那些可爱的内啡肽会带来更多欣快感，可能会让你一直保持清醒。

烦恼和压力会让很多人无法入睡，这就是为什么拥有一个有效的放松仪式对恢复性睡眠如此重要。利用入睡前的一两个小时，用规定动作让自己有机会充分松弛下来。给自己留出这段时间，让自己在睡前两个小时内至少完全从工作中解脱出来，适当地休息放松。这个逐步放松的过程可以包括愉快的谈话、阅读、看喜剧或泡个澡，但要避免数字设备屏幕发出的蓝光。

除了让人放松和减少精神活动，晚上洗温水澡还能使皮肤表面的热量迅速散失。之后，体中心温度会随之降低，从而刺激释放褪黑素，帮助你更快入睡。尝试在洗澡时加入镁盐（泻盐），以进一步放松你的肌肉。

写日记也有帮助。睡前写下第二天的"待办事项"清单，可以释放被压抑的担忧和焦虑，提高睡眠质量。今天哪些事情顺风顺水？在晚上写下三件让自己心存感恩的事情——哪怕是当天很顺利的小事——也是晚间一个很好的习惯,让自己关注令人内心充实和心怀感恩的事情,从压力中解脱出来,进入休息和"充电"状态。

也不要忽视午睡。从文化角度来说,午睡是许多西班牙人每天不可或缺的一部分。即使有些难以实施,小睡15~20分钟也是有助于白天恢复精力的好习惯。当然,如果午睡时间超过20分钟,进入了更深度的睡眠阶段,你醒来时可能会出现大脑迟钝和昏昏沉沉的感觉。最好避免在下午4点以后小睡,以免干扰夜间的睡眠模式。

如果你在床上躺了超过30分钟仍无法入睡,或者感到焦虑、担心,就起来读书,或者做一些放松的活动,直到感觉困倦为止。当然,持续的担心和焦虑会影响睡眠,这可能预示着潜在的大脑化学物质失衡、焦虑症或抑郁症,如果对此忧心忡忡,可以与你的家庭医生进行讨论。

创造有利于睡眠的环境。尽可能保持卧室阴暗、凉爽。卧室的最佳睡眠温度比许多人认为的要低,为65华氏度(18摄氏度)多一点。确保睡眠用具(枕头和床垫)舒适。将数字设备放到卧室外面,闹钟放到看不见的地方。

科技对睡眠的影响有两个方面。首先,深夜里所有的信息和噪声都会让你的大脑处于高度警觉的清醒状态,精神难以放松和舒缓下来。其次,作为一种高度视觉化的生物(约三分之一的大脑都用来处理视觉信息),我们大脑中的主时钟对数字设备屏幕发出的蓝光非常敏感。这就是晚上使用数字设备会影响入睡的主要原因。蓝光会让大脑误以为太阳尚未落山。因此,你的体内时钟会倒退两到三个小时。此外,褪黑素的释放也会延迟几个小时,因此需要更长的时间才能入睡。褪黑素释放减少,从而影响睡眠质量，包括减少快速眼动睡眠（对于消除恐惧、焦虑和有害压力非常重要）。后果是第二天你会感觉没休息好，越发昏昏欲睡。这种所谓"数字宿醉"效应会在接触蓝光后持续数天。因此，在睡前至少两小时内要避免接触蓝光。

白天接触自然光至少 30 分钟，可以增强活力、中断日间褪黑素分泌，帮助调节睡眠模式。即使是阴天，自然光照强度也能达到 10000 勒克斯（相比之下，室内光照强度仅为 250~500 勒克斯）。为了走到室外，可以考虑在召开工作会议时一边散步一边谈话。早晨是蓝光照射的最佳时间，有助于充分优化你的体内生物钟。

原则上讲，睡前 3 个小时内避免进食或者喝东西（水或者脱咖啡因的草药茶除外）。吃点小零食可能没问题，但吃得太饱肯定会影响睡眠质量。深夜饮酒也会导致频繁起夜，影响睡眠质量。一般来说，纤维含量低、精加工碳水化合物、盐和饱和脂肪含量高的食物都会影响睡眠质量。

此外，某些食物能为大脑提供必要的营养物质，让人夜里睡得更安稳。要想睡得更安稳，就要多吃富含纤维的食物（如地中海饮食）、富含蛋白质的食物、富含钾和天然褪黑素的食物。作为一种天然的放松剂，镁有助于调节肾上腺素，令人保持平静，帮助你睡得更安稳。镁还能协助 γ-氨基丁酸（GABA）发挥作用，γ-氨基丁酸是一种促进睡眠的重要神经递质。缺镁会导致失眠。富含镁的食物包括菠菜、香蕉、糙米、坚果和鳄梨等。

小心咖啡。咖啡（以及少量的茶）富含一种腺苷受体拮抗剂（adenosine receptor antagonist）——咖啡因。这意味着它能阻断腺苷，而腺苷是一种能让人入睡的化学信使。咖啡因会使你减少总睡眠时间，增加入睡时间，降低睡眠效率，劣化睡眠质量。它会使人减少深度睡眠，增加醒来的次数。咖啡因需要 8 小时才会从体内消失，因此中午和下午晚些时候喝咖啡肯定会让你晚上睡不着。事实上，咖啡因的半衰期为 4~6 小时，也就是说，如果 11 点喝的美式咖啡中有 300 毫克咖啡因，那么 12 小时后可能会有大约 75 毫克的咖啡因在血液中循环。你不需要是数学天才，也能明白为什么喝太多咖啡会使自己睡不着觉！此外，有些人对咖啡因的刺激作用极为敏感。这其中有遗传因素发挥的作用，咖啡因对老年人的作用可能更大。虽然我喜欢品尝和享受一两杯真正的好咖啡，但我建议下午不要摄入咖啡因。如果你有入睡困难的问题，暂时戒掉咖啡因会很有帮助。

就酒精而言，绝对是越少越好！酒精是一种会麻醉你大脑的镇静剂，会使你减少快速眼动睡眠和深度恢复性睡眠。酒精会使你处于浅睡眠阶段，从而频繁地醒来，尤其是当酒精在午夜逐渐消失时。最初，酒精会使大脑前额叶皮质（负责思考和推断的区域）镇静下来，而前额叶皮质是大脑中影响和控制你行为的部分。当酒精让前额叶皮质放松时，你就会放松下来，变得更加外向。酒精会逐渐使大脑的其他部分变得镇静。结果就是，你不但不会入睡，反而会被麻醉，大脑被困在第二阶段睡眠（非快速眼动睡眠）中。因此，你无法获得需要的深度恢复性睡眠，第二天疲惫不堪。此外，你往往不知道什么时候就会醒来，于是睡眠变得支离破碎。在喝了几杯酒之后，你损失了快速眼动睡眠，导致第二天更加焦虑不安，承受更大的有害压力。酒精还会分解出名为乙醛的产物，乙醛会妨碍快速眼动睡眠，阻碍记忆的建立和强化，这种影响可能会持续几个晚上。

如果你打鼾，很可能有影响睡眠质量的睡眠呼吸暂停（sleep apnoea）问题，这通常与高血压有关。还有许多其他疾病可能会影响睡眠，包括焦虑、抑郁、前列腺问题、慢性疼痛和其他疾病，此外，还有呼吸问题。请与医生讨论你使用的药物是否会影响睡眠。许多处方药都会影响睡眠，包括治疗心脏病和降血压的药物、类固醇、抗抑郁药、非处方减充血剂（over-the-counter decongestants，治疗咳嗽和感冒）以及抗组胺药（antihistamine）等抗过敏药物。

对那些入睡困难的人来说，服用安眠药是解决他们问题的权宜之计。除了生理上的耐受性、依赖性和成瘾性问题（还有心理上的依赖性），服用安眠药还会增加跌倒的风险和总体死亡率。服用安眠药会导致白天昏昏欲睡，从而使你增加咖啡因的摄入量，这反过来又会对处于良性循环中的睡眠产生负面影响。在我看来，最好避免服用安眠药。

一些有睡眠问题的人，其褪黑素分泌水平较低。这也许就是最近为什么褪黑素补充剂变得很流行，它可以在多种情况下帮助睡眠，特别是针对有时差变化综合征的人和每天工作模式不同的轮班工作者。

褪黑素似乎能够让你缩短入睡时间。当然，褪黑素可能会产生副作用，因此，如果你正在考虑使用褪黑素来帮助睡眠，请务必先咨询你的医生，确保这种方法适合你。

多项随机对照试验表明，正念对改善睡眠质量是有好处的。正念只是让你不再处于紧张状态，让副交感神经系统的反应变得松弛。

如果你现在有睡眠问题，可以考虑接受资深治疗师的认知行为疗法咨询。谈话疗法作为一种改善你睡眠模式的辅助策略非常有效。

第二部分 活力之体

心灵运动

只有运动才能支撑精神，让思想保持活跃。

——西塞罗

想象一些能为你的大脑和身体带来直接好处的东西。运动和锻炼能减轻压力，缓解紧张，有助于清除大脑中的迷雾，让自己的思维更清晰，增强记忆力和上进心。使你更加积极主动，维护自身健康，提高自身活力。对运动和锻炼表示欢迎吧，这也许是你能送给自己的最好的自我保健礼物。

杰里·莫里斯是现代首位将体育锻炼与预防心脏病、糖尿病和抑郁症联系起来的医生，他是我的偶像。"二战"结束后，人们发现在英国得致命心脏病的人数是空前的。

莫里斯开始了他的研究，他首先注意到伦敦公交车司机和公交车售票员的心脏病发病率有显著差异，尽管这两组人都有可能抽烟。

司机大约90%的工作时间都是坐着的，他们心脏病发病的次数（大约是售票员的两倍！）明显多于售票员（售票员在工作日通常要爬大约750级台阶收取车费）。

虽然这些研究结果很有说服力，但莫里斯希望找到更多的证据，因此他继续对另外两组人进行研究。首先是邮递员，他发现骑自行车或步行送信的邮递员心脏病发病率远远低于那些工作时在办公桌前久坐不动的邮递员。然后他研究了公务员在休息时间的活动量，发现参加剧烈运动的公务员比不参加剧烈运动的公务员心脏病发病率低。研究结果表明，心脏病发病率的降低仅仅与活动量有关，而与体重或腰围无关。

莫里斯的开创性研究在1953年的《柳叶刀》杂志上成功发表。当时许多医生都认为运动有害健康，以至于如果你住在两层楼的房子里，你的医生很可能会建议你搬到平房去住，以减少心脏的负担！杰里·莫里斯终生坚持锻炼，他以身作则，坚持工作和锻炼，直到99岁去世。1996年，他被授予运动科学领域的第一枚国际奥林匹克奖，以表彰他发现了运动与心脏病之间的联系。

几千年以前，我们从事"狩猎-采集"的祖先为了寻找食物每天可能要走14英里。在那个不是敞开吃就是饿肚皮的年代，移动是生存的必要条件。随着时间的推移，我们祖先的前额叶皮质不断生长和进化，使他们变得更加聪明和敏锐。因此，我们的遗传和新陈代谢在我们大脑的生物蓝图中强制规定要定期运动，让大脑和身体处于最佳状态。很简单，我们的基因构成就是为锻炼和运动而设计的。

如今的问题是，许多人的生物蓝图与基本生活习惯严重不匹配。许多人懒得动弹，坐在办公桌前或沙发上的时间比以往任何时候都多，未使用的热量都被储存，转变成了多余的脂肪。

运动的好处

运动很重要，是头等重要的！久坐不动的定义是连续3天、每天积极锻炼的时间少于30分钟，这种情况持续3个月。美国医学会将久坐不动描述为引发心脏病的一个独立风险因素。久坐可能比过度肥胖更致命，这一事实已开始引起人们的高度重视。久坐会减缓（并最终中止）生物系统分解脂肪和糖的进程，使你堆积脂肪、更容易发炎，加速衰老。此外，坐着时，流向大脑令你感觉良好的激素和神经递质（neurotransmitter）会减少，从而对情绪产生负面影响。

即使是那些经常锻炼的女性，如果每天坐着的时间超过6小时（与每天坐着的时间少于3小时的女性相比），过早死亡的风险也会升高37%。[1] 无论运动时间长短，久坐都是一个独立的死亡风险因素。

事实上，研究发现，与那些每天坐着少于3小时且非常忙碌的人相比，身体活动较少且每天坐着超过6小时的男性早亡率增加48%，女性早亡率增加94%。

发表在《美国预防医学杂志》上的一项针对3万多名美国女性的研究发现，每天坐着的时间累计超过9小时会增加抑郁症的发病率。[2] 研究表明，久坐会增加多种有害健康状况出现的风险，包括肥胖、糖尿病、心脏病和代谢综合征［包括血压、血糖、血脂升高，腰部脂肪过多，高密度脂蛋白（HDL-C，一种有益胆固醇）分泌水平低等一系列表现］。

虽然头条新闻宣称"久坐是新的吸烟方式"，但深入挖掘后，你会发现这种说法只是部分正确。要知道，吸任何数量的香烟都对健康有害。吸烟量没有安全下限。即使只是与吸烟的人在一起，你也会暴露在有毒的侧流烟雾（sidestream smoke）中，因此工作场所禁止吸烟是正确的做法。没有人会提议在工作场所禁止坐下，也没有人会认为与坐着的

1　H.P. 范德普勒格、T. 杰、R.J. 科达、E. 班克斯和 A. 鲍曼（2012）。《222497 名澳大利亚成年人的久坐时间与全因死亡风险》，《内科学档案》，172（6），494—500。
2　J.Y. 南、J. 金、K.H. 曹等（2017）。《坐姿时间和体力活动对韩国成年人重度抑郁症的影响：一项横断面研究》，《BMC 精神病学》17，274。

人在一起对健康不利。当然不会，因为坐着并没有什么不好（只要你坐在符合人体工程学的椅子上）——只是不要坐得太久。一些研究表明，就像吸烟一样，如果你长时间坐着，可能会增加自己因各种原因而早逝的风险。

研究调查了每天在电视机前或其他电子娱乐显示屏前停留超过 4 小时的人，并与每天停留时间少于 2 小时的人进行了比较。结果显示，长时间坐在屏幕前的人心脏出现问题（包括心脏病发病和胸痛）的风险增加了 100% 以上，出于各种原因死亡的风险增加了近 50%。[1] 值得注意的是，这种风险的增加与这些人是否有其他心脏病风险因素（如吸烟、高血压等）无关。

结论就是，久坐对健康有害。不仅仅是在电视机或数字设备前——任何形式的久坐，无论是工作还是开车，都是有害的。此外，在健身房或其他地方进行强度适中的锻炼似乎并不能明显抵消久坐带来的风险。换句话说，无论你的其他生活方式多么健康，久坐都是导致对健康有害的状况的一个独立风险因素。

运动可以有效地缓解焦虑。从很多方面来说，它就像是"抗焦虑疫苗"，让你的心跳更平和。跑步、骑自行车或游泳等有氧运动项目，尤其是高强度间歇训练（HIIT）特别有帮助，而且能降低身体对焦虑刺激的敏感度。经过定期锻炼，大脑回路会重新连接，杏仁核感知到危险后不再过度反应。当你意识到自己可以更好地控制自己的状态，可以更自

---

[1] C.C. 卡思伯森和 X. 段等（2019）。《闲暇时间进行体育活动、观看电视与非致死性心血管疾病预期寿命的关系：社区动脉粥样硬化风险研究（ARIC）》，《美国心脏协会杂志》，8（18）。

信地面对恐惧和忧虑时，你就能更好地复原。

定期锻炼能让你自我感觉更好，情绪更加高昂，自尊心更强。当你的状态更加良好、气色更佳的时候，锻炼可以激励你树立更积极的自我形象，增强自信心，提升自我价值。这样积极行动起来，是打造一个更自信的自我的关键因素。这种自信可能会蔓延到你生活的其他领域，帮助你努力实现其他重要目标。

多巴胺是大脑中的重要化学物质，大脑在面对任何形式的奖励时都会释放多巴胺，无论是快乐的刺激还是痛苦的刺激——包括脸书上的点赞、酒精、糖、购物、毒品或赌博。多巴胺由大脑中一个名为伏隔核（nucleus accumben）的区域释放，诱使大脑相信这些刺激是生存所必需的。这一连串化学反应是大脑固有的一种自动反应模式。释放多巴胺是关于沉溺和成瘾的大脑化学反应的关键机制之一。虽然前额叶皮质倾向于抑制可能导致受到伤害的行为，但它要到我们20多岁时才能完全发育成熟，就成瘾可能性而言，这就是青少年接触毒品如此危险的原因。好消息是，运动可以转移、分散你的注意力，使你不再心心念念那些令自己上瘾的东西。它还可以抑制大脑中与成瘾过程有关的物质的分泌。由于运动是有害压力、焦虑和抑郁情绪的"天然解药"，它有助于填补戒瘾产生的空虚感，同时帮助你建立自己改过自新的信心。

在基本的生存层面上，运动可以提高你的学习能力，让你能够找到食物，并推断出上次把食物存放在了什么地方。食物随之就会成为支持你进一步运动和学习的燃料。运动有助于保护大脑中负责记忆和学习的重要部分——海马体，防止海马体细胞因你的年龄增长而减少。运动会加速清理细胞内尤其是大脑细胞内有毒物质的过程——这个过程被称为自噬——让你无论是任何年龄都可以更加聪明。在运动过程中，血液从前额叶皮质流出会使完成复杂任务变得困难。然而，运动后大脑会立即变得更加敏锐和专注。这就是为什么午餐时间的锻炼可能令下午的重要创意会议受益匪浅。很简单，身体越健康，大脑机能就会越活跃。

澳大利亚的研究发现，定期锻炼可能是提高意志力和自控力的最有效方式。[1] 在参加定期锻炼计划的几个月时间里监测自我调节能力，结果显示，自我调节能力和意志力可以像肌肉一样增长或消减。此外，他们还发现，运动对其他增进健康的习惯也有多米诺骨牌式的连锁影响。随着参与者去健身房的次数增多，他们的饮食开始变得更加健康，少抽烟，少喝酒，少发脾气，抑制过度消费等冲动，少拖延，多守信。甚至他们把盘子留在水槽里的次数也减少了！从很多方面来说，运动都可以被视为提高意志力的好方式，因此定期锻炼会让你更有动力继续前进！

为了在社会中成长、学习和成功，一些压力当然有帮助甚至有必要。然而，有害压力会严重影响你的健康，可能会缩短端粒，尤其是如果你久坐不动、压力过大。研究发现，运动可以缓解压力对端粒的影响，[2] 每天只要运动14分钟就可以防止压力引起的端粒缩短。运动能让你的大脑和身体适应压力的挑战或威胁并主动做出回应，而不仅仅是被

---

[1] M. 奥滕和 K. 郑（2006）。《定期进行体育锻炼对自我调节能力的长期收益》，《英国健康心理学杂志》，11（4），717—33。

[2] E. 皮泰曼和 J. 林等（2010）。《运动的力量：缓解慢性压力对端粒长度的影响》，《公共科学图书馆·综合》，5（5）。

动反应。因此，运动可以成为一种非常好的天然压力克星，帮助你减缓和释放压力。运动本身就是一种较低水平的压力，经常锻炼能提高压力阈值，缓解生活中的其他压力。运动能降低体内固有压力激素的分泌水平，如皮质醇和肾上腺素。皮质醇的迅速分泌最初会增加脑源性神经营养因子（BDNF），提高大脑的学习能力，为"战斗或逃跑"做好准备。因此，你的压力会减轻，也会更有效地面对压力和生活中的挑战。经常锻炼可以建立保护性缓冲，提高触发"战斗或逃跑"应激反应的临界点。你需要多少运动和锻炼呢？压力越大，你就需要越多运动（除其他自我保健措施之外），预防沉浸在皮质醇中的负面影响。

运动能让你重新认识"自我"的概念，是一种非常有效的抗抑郁剂，与处方药一样有效。它不像药物那样简单地影响单一的化学物质或分子。作为一种提高大脑功能的天然抗抑郁剂，运动可以重新调整整个大脑的信号模式。在第一次标准医疗干预和长期运动（SMILE）研究中，抑郁症患者被分为三个独立的小组，接受为期16周的药物治疗或有氧运动治疗，或者两者兼而有之。共有156名老人参与，他们被随机分配接受为期4个月的有氧运动、舍曲林药物治疗（与抑郁症标准临床治疗剂量一致），或者运动与舍曲林药物联合疗法。运动疗法每周三次，每次30分钟，强度在70%~85%，运动结束后有15分钟的放松时间。结果显示，每组患者病情的改善幅度约为50%。然而，10个月后，运动组抑郁症的复发率远低于药物治疗组和联合治疗组（8%对38%）。此外，无论最初采取哪种治疗方式，在这一阶段，汇报经常锻炼的人患抑郁症的可能性降低了至少50%。一项后续研究增加了服用安慰剂组和进行家庭锻炼组（目的是控制集体锻炼可能带来的社交互动好处）。

活出生命力

结果显示，运动组和药物治疗组比服用安慰剂组的效果更好。一年后，定期锻炼是降低抑郁症复发风险唯一显著有效的因素。因此，标准医疗干预和长期运动研究证明了运动在治疗和预防抑郁症复发方面的有效性。

情绪（emotion）一词的拼写是 e+motion（运动），提醒你锻炼和运动会让你产生（积极的）情绪。短短几分钟的运动就能让你的心情更好。2018 年，一项针对 50 多万人（年龄跨度从青少年到老人）的大型研究发现，参加体育锻炼与幸福感密切相关。[1] 与其想方设法摆脱有害的情绪或想法，不如运动起来，让自己的情绪更加平静，大脑更加清醒。此外，锻炼和运动还能缓解不同程度的情绪压力，为你提供保护，也就是说，如果刚做过运动，你面对压力时不会那么慌乱。有氧运动、力量运动和柔韧性运动都是改善情绪、提高幸福感的有效方法。少量的运动——也许只需 10 分钟——就能对情绪产生很大的影响，让你向世界展现一个更好的自己。这种积极的情绪会渗透到你生活的方方面面，改善你的人际关系，助力你的事业，让你全面、尽情地享受生活。你在一天中少量多次运动产生的影响真的会累积起来。我把这称为运动的"X 因素"，即运动如何刺激大脑分泌一系列提升活力的化学物质，令你感觉更加幸福和满足，使你能够想象、感受并更接近自己的最佳创造状态。运动还能使你进入心流状态，让你感受到最佳体验，保持最佳表现。

1　Z. 张和 W. 程（2019）。《关于体育活动与幸福感之间关系的系统综述》，《幸福研究杂志》，20, 1305—1322。

无论你多大年纪，运动都能启动表观遗传机制（epigenetic machinery），改进你的健康状况。首先，这是让人感觉更健康、更年轻的绝佳方式。身体健康但体重超标，这种状态强于不做运动但体重正常。经常锻炼能增加细胞中线粒体（动力之源）的数量，让你精力更加充沛、活力更强，同时提高耐力和体力，这样你绝对能干更多的事情。运动能促进新陈代谢，使身体更像一台燃烧脂肪的机器，有助于控制体重，并帮助排出体内储存的致癌物质。更重要的是，运动能改善身体成分。

定期锻炼可以大大降低患病风险，尤其是降低心脏病发病和中风的风险，即使对那些患心脏病的人来说也不例外。锻炼能增强你的心脏肌肉、降低血压，通过增加一种称为纤维蛋白溶解（fibrinolysis，用于分解血栓）的过程来稀释血液。锻炼有助于降低总胆固醇水平，提高高密度脂蛋白（好）胆固醇水平，降低低密度脂蛋白（坏）胆固醇水平，同时有助于降低甘油三酯分泌水平。经常锻炼不仅能提高胰岛素敏感性，降低罹患糖尿病的风险，还能大大降低糖尿病患者出现并发症的风险。锻炼可以降低罹患多种癌症和患胆结石的风险。锻炼还能强化免疫系统，提高对普通感冒和流感的抵抗力。

定期锻炼有助于睡眠。它可以帮助重新启动和恢复你的自然昼夜节律和生物钟，让你更容易入睡，睡得更香甜。不过，最好避免在深夜进行剧烈运动，因为这会让你过于兴奋而无法入睡！

定期锻炼有助于改善你的性生活，预防男性勃起功能障碍，帮助女性唤起性欲。定期锻炼有助于减少炎症细胞，延长健康寿命。定期锻炼可延长端粒长度，从而降低生理年龄，让你在衰老过程中更加健康。

活出生命力

锻炼的科学

事实证明，经常锻炼是心理健康与内心和谐的强大盟友。谈话治疗固然是件好事，但运动和锻炼在增强大脑功能方面同样有益，有时甚至好处更多。

研究发现，运动能促进大脑几个关键区域新细胞的生长。首先是海马体（位于颞叶），它可以提高学习能力，改善长期记忆。其次是前额叶皮质（大脑的首席执行官），该区域参与执行功能，包括计划、组织、从错误中学习、做出反应或延迟做出反应、评估后果、专注、集中注意力和工作记忆。

锻炼可以增加流向大脑的血流量，在海马体和前额叶皮质这些区域的脑细胞之间创建新的通路，这一过程被称为神经可塑性（neuroplasticity）。这有助于增强大脑记忆能力（在学习和保留新信息方面），提高智商，让你变得更聪明、更敏锐。

此外，海马体和前额叶皮质这些从锻炼中得到最大改善的大脑区域，也最容易受到神经退行性疾病（neurodegenerative disease）和与年龄相关的神经衰退影响。虽然运动不一定能预防痴呆，但提高这些大脑区域的活力可以最大限度地推迟痴呆的发病时间。

在锻炼和心理健康方面，有一系列"令人愉悦"的大脑化学物质通过锻炼得到了增强，我称之为"华丽七重奏"。这些化学物质能刺激大脑中的化学反应，从而令精神更加振奋、情绪更加积极。这些大脑化学物质共同作用，激发积极情绪，微调大脑回路和活动。此外，它们在缓冲有害压力、焦虑和抑郁对大脑的影响方面发挥着重要作用。锻炼是促进、平衡和微调"华丽七重奏"的关键因素。

我们来详细了解一下它们。

○血清素：在许多方面，血清素是大脑自身的天然抗抑郁剂。血清素有时被称为"大脑警察"，因为它能控制大脑中的其他化学物质，影响情绪、攻击性和冲动性。它带给我们平静、安全和保障感，同时让我们更加积极、幸福。最近，人们发现肠道微生物群——肠道中的细菌——会产生大量的血清素，这为"肠脑轴"一词增添了新的含义。也许锻炼同样促进血清素的分泌。

○内啡肽和内源性大麻素：锻炼能刺激产生多种减少疼痛和引起积极情绪的化学物质，包括内啡肽，这是一种天然止痛激素，帮助你平静下来、更加乐观和充满活力，在适度锻炼后产生一种令人愉快甚至轻微兴奋的感觉。内源性大麻素是一种类似于大麻的生物化学物质，由人体自然产生。锻炼可以提高内啡肽和内源性大麻素的含量，它们能够轻易穿过血脑屏障（blood-brain barrier），产生减轻焦虑和舒缓情绪的作用。

○去甲肾上腺素（noradrenaline）：锻炼还能提高去甲肾上腺素的分泌水平，这种化学物质能缓和大脑对有害压力的反应，减轻你的焦虑。

○多巴胺：锻炼能促进释放多巴胺，而多巴胺能增强你的积极性、注意力、学习能力、获得感和满足感。因此，你更有可能坚持养成一个新习惯，更有动力到外面的世界去做事，当然，这也会带来更多的个人成就感。锻炼还有助于抵抗随着年龄增长而来的挑战感缺失和多巴胺分泌水平下降。

○γ-氨基丁酸：这是一种抑制性神经递质，其主要作用是减少或阻止神经系统中神经细胞的活动。它能帮助你的大脑从"战斗和逃跑"中解脱出来，从而减轻压力，助力放松。它还能平衡平静的α脑电波和繁忙的β脑电波。因此，γ-氨基丁酸能让你平静下来，减轻焦虑和压力，同时抚慰你的大脑，让你晚上睡得更安稳。它能提高你抵御各种威胁的能力，无论这种威胁是即时的还是长期的。

○催产素：有时也被称为"亲和与友善"激素。它能调节你的情绪反应，增强信任感、同理心、对他人的关心和同情。作为一种亲社会荷尔蒙（pro-social hormone），它有助于你积极地与他人沟通，提高对外接触和联系的意愿。与此同时，它还能降低压力激素分泌水平，使你减少对他人的敌意或无助感。

正如你所看到的，当你消耗体力推动身体运转时，各种好事就会开始发生。首先，你开始燃烧脂肪，从而提高血流中的色氨酸（tryptophan）分泌水平。色氨酸会穿过血脑屏障，刺激分泌血清素、多巴胺和去甲肾上腺素（都是"华丽七重奏"的组成部分）。这会提高你的注意力、感知力、积极性，强化耐心和乐观情绪。

其次，当心跳加快时，心脏会在心房中产生心房钠尿肽（ANP），随着心率的增加，心房钠尿肽的浓度会进一步提高。心房钠尿肽从心脏进入大脑的下丘脑，在那里它似乎能抑制交感神经兴奋，抑制应激反应（"战斗或逃跑"）。心房钠尿肽可以减少焦虑感和有害压力，具有全面的积极作用，使你在适度锻炼后更加平静和放松。德国的一项研究发现，如果阻止心房钠尿肽进入大脑，100%的参与者都会产生恐慌情绪。[1]

再次，锻炼，尤其是高强度间歇性训练，能激发脑细胞释放一种名为脑源性神经营养因子的物质。作为神经营养因子家族的分支，它能生成脑细胞，支持思维、情感和活动之间的关键回路。它被认为有助于学习、高级思维和决策。它被描述为大脑的"奇迹生长因子"，可提高大脑的可塑性，促进新脑细胞的突触生长。它就像压力下的复位按钮，在保护大脑的同时帮助修复和更新脑细胞。这种新脑细胞的发育被称为神经发生，发生在大脑的学习中心（海马体），此处参与记忆的创建和检索。在包括海马体在内的影响情绪的区域，脑源性神经营养因子保护脑细胞免受皮质醇的腐蚀。总之，脑源性神经营养因子能让你的脑细胞更年轻、更强健，同时以新的方式令神经细胞分裂和连接，形成新的互联模式，提高大脑的可塑性。这将提高学习和记忆能力，生成新的脑细胞，并帮助它们对抗随着年龄增长出现的记忆力或认知能力衰退。此外，脑源性神经营养因子和血清素以螺旋上升的方式相互增强，这让你在工作中可以更好地做事情！

最后，锻炼会让你释放肾上腺素，从而促进学习，使你能够在充满压力的环境中学习。虽然长期承受压力会腐蚀和损害你的大脑，但是大脑可以释放脑源性神经营养因子，从而使腐蚀和损害得到缓冲。这可以修复脑细胞、强化大脑回路，以帮助你更好地应对未来的压力。运动和锻炼会撕裂微小的肌肉纤维，这些损伤自然会得到修复。在这一动态过

---

[1] K. 威德曼、H. 雅恩、A. 亚苏里迪斯和 M. 凯尔纳（2001）。《心房钠尿肽能减轻胆囊收缩素四肽引起的惊恐焦虑：初步研究结果》，《普通精神病学档案》，58（4），371—377。

程中，生长因子会修复肌肉，同时穿过血脑屏障进入大脑，帮助神经形成，生成新的脑细胞，巩固学习成果。

实践出真知

这让我想到了我实际遇到的另一个病人。当我第一次见到玛丽，看见她正在服用的一大堆药物时，我的心情很沉重，许多医生在谈到多重用药时都会有这种感觉。这么多药，应该先吃哪一种呢？当时，玛丽的慢性疼痛综合征已经对她的生活造成严重困扰。多年前，最初只是腰椎间盘问题，后来发展成为慢性疼痛，原因包括背部和颈部的退行性骨关节炎以及软组织炎症。15年前的一次严重道路交通事故导致她的身体多处骨折，这无疑使情况变得更糟。多年来，她看遍了各种专科医生，接受了从小关节注射到各种神经传导阻滞治疗。尽管如此，她的疼痛仍在继续，最后她不得不长期服用大量药物，包括消炎药、可待因制剂（codeine-based preparation）和每周两次的吗啡贴片。疼痛当然对她的情绪产生了负面影响，导致她不得不服用医生开的各种抗抑郁药。她的整体生活质量并不好。

她是否曾尝试通过锻炼来缓解疼痛？我向她解释了锻炼和运动可以释放天然的止痛剂内啡肽，这很可能会对她有帮助。此外，释放的积极神经化学物质也可能会改善她的情绪。她用怀疑的眼光看着我。我赶紧解释说，我认识一些人在打太极拳（一种非常温和的有节奏的运动），她对此表示怀疑。如果玛丽的姐姐，我也认识她，同意一起去，玛丽会去试试吗？

玛丽尝试了打太极拳。3个月后，她说她非常喜欢太极拳。接下来，她开始上水中有氧运动课程，之后我再见到她时，她已经准备好讨论减少用药的问题了。我想，这真是个好消息，因为之前我已经强调过服用药物的一些弊端。在接下来的 6 个月里，玛丽增加了运动的频率和强度，同时慢慢减少了止痛药的剂量。每天的运动包括游泳、打太极拳或做瑜伽。此外，她还发现自己走起路来更加轻松，经常与朋友一起散步 30~40 分钟。

如今，玛丽仍然会感到疼痛，她说有些日子会好受一些，但她觉得自己现在对疼痛症状的控制能力大大增强了。除了晚上服用一片治疗神经痛的药片，她现在更愿意洗个泻盐浴，而不是服用处方类止痛药，只是在真正需要的时候服用两片扑热息痛。

锻炼并不是包治百病的方式，但玛丽的故事却是一个真实的例子，说明了定期运动和按计划锻炼的好处。此外，玛丽感觉自己多年以来从未像现在这样健康、充满活力。她的心情比以往都要轻松，她发现自己又开始对生活充满期待。在这段时间里，玛丽变得更加强健，平衡感更好，身姿也更加挺拔——这些都是老了以后保持健康的关键因素。

对我们中的许多人来说，就像玛丽一样，多运动就是在积极改变。我称之为"用心运动"：让运动成为你日常生活中的默认设定。

运动的处方

我经常被问到一个问题："我应该做多少运动？"当然，答案取决于很多因素，其中包括：

活出生命力

○你的运动和健康目标是什么？
○你目前的健康水平如何？
○你现有的日程安排是怎样的？

"生活方式即药物"的关键理念之一是，你的运动量和运动方式是你健康和幸福的重要新标志。多年来，我一直认为运动是最伟大的"药丸"。现在，生活方式医学认为，你的锻炼习惯与你的血压或体重一样重要。换句话说，它是一种新的生命体征，是你健康的标志。此外，就运动对健康的好处而言，它已被证明至少与10种药物的作用不相上下。生活方式医学关于运动的指南是在数千项研究的基础上发展而来的。一般来说，在运动和锻炼方面，运动作为"药物"，遵循以下最新"处方"。可以考虑使用FITT记忆法：运动频率（frequency）、运动强度（intensity）、运动时间（time）和运动类型（type）。根据这一运动处方，我将成功定义为进行足够的运动，从而优化遗传潜力的表观遗传表达。

我整理归纳了以下几个方面的策略，帮助你在日常生活中多锻炼、多运动。

出汗。当你努力让自己出汗时，心脏会跳动得更快，体内的氧也会消耗得更快。你会释放更多的脑源性神经营养因子，增强记忆力，提高注意力，真正成为一个大汗淋漓的天才。平时做一些中等强度的运动（运动过程中可以说话，但不要唱歌）。例如慢跑、骑自行车、打网球，甚至是快步走。一周至少运动150分钟。

每周75分钟的剧烈运动（运动过程中不能说话或唱歌）可以替代

150分钟中等强度运动的方案。高强度间歇性训练是指在正常强度的运动中交替进行短时间的高强度运动,即在30~60秒的时间内全力以赴。这可以通过许多不同类型的运动来实现,包括在多功能训练器上练习跑步、骑自行车等。高强度间歇性训练在提高时间效率和减少过度训练风险方面有很大的好处。当然,高强度间歇性训练并不适合所有人,如果你不习惯这种训练方式,你的身体很快就会告诉你!它对心脏提出了很高的要求,所以开始时要慢慢来,循序渐进,并且事先征得你医生的同意。

保持强壮。净肌肉量现在被认为是衰老时保持健康的最重要生物指标之一。锻炼净肌肉是促进新陈代谢和保持年轻的最佳方式之一。力量训练可以燃烧脂肪,锻炼肌肉,从而燃烧更多的热量,保持肌肉和骨骼的强健。一周进行两到三次15分钟锻炼主要肌肉群的训练是理想的选择。很多人都不知道,强健的肌肉也会带来强健的骨骼,这有助于最大限度地降低因骨质疏松导致骨折的风险。大量研究表明,力量训练可以起到减缓骨质流失的作用,从而使骨骼更强壮、更致密。此外,力量训练针对的是髋部、脊柱和腕部的骨骼,而这些部位最容易发生骨折。其他好处还包括减少罹患高血压的风险、提高平衡能力、减缓随年龄增长出现的功能衰退,以及减少脂肪、控制体重。要想从中获益,永远都不会太晚。即使是百岁老人,适当运动也能增强肌肉力量!

动起来。希波克拉底说过:"如果你心情不好,就去散散步。如果还是心情不好,再去散散步。"你是否也发现,你在散步时思考效果最佳?现在,我喜欢走到大自然中,花时间在我爱尔兰的家附近的康格里夫山花园里散步,所以我称那里为我的"创意实验室"。在大自然中进行户外活动，也就是我所说的"绿色锻炼"，可以让自己更加平静，感受到更多与这个世界的联系，从紧张状态走向更深层次的放松。即使只是在户外走一小段路，也能提高自己思维的创造性。此外，更多的运动可以产生多米诺骨牌式的积极影响，促使你更频繁地运动，吃得更好，更好地照顾自己。从许多方面来说，运动的习惯都可以成为一种基石，帮助改善健康状况，提升活力。2018年发表在《英国运动医学杂志》上的研究表明，以每分钟至少100步的速率步行，会给健康带来很大好处。

这里有几个帮助你开始运动的建议。

○有机会就站起来，喝咖啡或打电话时都可以。

○站立式办公桌能改变你的工作姿势，也符合人体工程学原理。

○通过"边走边说"，可以改善自己的健康状况，提升思维能力，产生更多创意。如果你可以边走边聊，为什么还要坐下来开一个小时的会呢？

○坚持30分钟规则——我认为理想的情况是每30分钟左右站起来或者走动走动。我还说要"50分钟每小时"，即每小时站立和走动10分钟。

○设置闹钟提醒，每30分钟站起来，伸展一下身体，或者走出去喝杯水。

○设计鼓励运动的环境——使用楼梯而不是电梯。

精神锻炼。运动作为一种医疗手段，也包含整个精神层面。人们越来越重视身心的结合，表现就是瑜伽、普拉提、太极拳和气功等运动日益流行，它们对你的健康都大有好处。在这里，我把拉伸运动也包括在内，因为它不仅是一种放松身心的有益方式，也是一种防止受伤和保持身体松弛的重要习惯。它是各种锻炼计划的重要组成部分，建议每周至少做两次拉伸运动。加强下背部和腹部肌肉的锻炼，通常被称为核心稳定性训练（core stabilisation exercise），现在已被公认为预防受伤的关键。

寻求支持。由于情绪和态度会互相感染，每个人都会受到与自己朝夕相处的人的显著影响，无论是消极的还是积极的。如果你的朋友是嗜好看奈飞的"沙发土豆"，那么你很可能也是同一类人。相反，如果你的朋友喜欢锻炼和户外生活，那就能切实支持和鼓励你养成主动运动的习惯。定期锻炼是在充满乐趣的环境中与朋友建立联系、寻找新友谊、培养共同兴趣爱好，以及巩固现有关系的一种绝佳途径。这也是参加运动课程的一大好处：趣味相投的朋友们有相似的兴趣爱好，在锻炼和娱乐时能相互鼓励和帮助。想象一下"玩耍"而不是"锻炼"！在你的生活中，有一些积极向上的人可以让你更加强大、为你提供帮助，这对你的心理健康和整体幸福来说有不可估量的价值。

提前计划。预先做出保证。设计你的环境，让你更容易运动和多走动。可以用日记来监测自己的进步。记录运动前后的感受，可以极大地强化你坚持下去的决心。写下你的锻炼目标。这些目标对你有多重要？你对实现这些目标有多大信心？谁能支持你？你最热爱或喜欢哪些活动？你能将它们纳入自己的日程和日常活动吗？你是一个人还是小组中的一员？谁可以成为你负责任的伙伴？

简单开始：做出持久改变并不容易。为了养成更长久的锻炼习惯，你今天能做的最小的一件事是什么？一切从头开始！无论你认为自己有多忙、有多累，或者现在有多不方便运动，从锻炼中获得改变命运的好处，永远都不会太晚。自我保健需要你锻炼和运动。要理智，倾听自己身体的声音。生病或疼痛时不要运动。补充足够的水分。要有针对性。找出能满足你当前特定需求的运动方式。例如，如果你的背部有问题，那么游泳、做瑜伽或进行普拉提都是不错的选择。如果你的膝盖嘎吱作响，那么骑自行车或使用多功能椭圆机等非负重运动就能真正帮到你。

请记住，微小的改变也能带来巨大的变化。千里之行，始于足下。迈出第一步也许是你能做的最好的一件事，这不仅让你感觉更好，还能让你收获多种健康好处，减缓年龄增长带来的潜在认知能力衰退。总之，你可以面对一个充满活力的繁荣未来，而不是如履薄冰地活着。拥抱锻炼给健康和活力带来的好处，你可以真正改变自己的生活。每天迈出一小步，拥有一个更有生机的自己。

你还在等什么？

用心进食

让食物成为你的良药，让良药成为你的食物。

——希波克拉底

你是否考虑过自己每天花多少时间吃饭？如果你的习惯是"典型"的，那么你每天可能会花大约90分钟吃东西，其中部分是在开车、看电视或完成其他多项任务分散注意力的情况下吃东西。换句话说，就是无意识进食。

毫无疑问，人们对食物的看法是多种多样的，也涌现出无数的网红和主张，谈关于这种或那种最新"超级食物"的认识。稍作思考，你就会意识到围绕食物有多种文化因素和宗教信仰、家庭传统和抚养方式的作用、健康问题和食物过敏、工作实践和生活习惯。你就会开始充分理解，关于食物的观念异常丰富，有的根深蒂固，很难改变。

更不用说"节食"这个词带有的惩罚性质，它暗示着拒绝和痛苦。假设你决定再也不吃薯片或巧克力。当你处于"最佳状态"，有很强的自制力和意志力时，"再也不吃"就会在你的脑海中清晰地浮现。但在周四晚上，经过一天的艰苦工作，你感到疲惫和不堪重负，意志力已经耗尽，此时你的情绪化大脑会大声尖叫："给我薯片和巧克力，那是我应得的。"无论你是否相信自己这样做都是偶然的——重要的是，你的大脑构成决定了你的意志力是有限的，通过否定来放弃这样或那样的食物往往注定会失败。

这就是为什么我如此喜欢积极的健康改变，尤其是微小积极改变的长期潜在影响。你每天至少进食3次，一年下来就是1100次，未来10年就是11000次。只需每天多吃一份蔬菜或水果，随着时间的推移，就能看到这些好处如何产生复利。

归根结底，最适合自己的饮食才是最好的饮食，而最适合自己的饮食不一定最适合他人。就像你的指纹一样，都是独一无二的。机会就在于你更清楚地意识到自己为什么会做出这样的饮食选择，并思考不同的选择是否会让自己变得更健康。

用心进食的好处

用心进食是指持续关注和察知那些引发进食的线索——饥饿、无聊和其他情绪，以及那些告诉你自己已经吃饱了的联想和暗示。它基于被称为"饭吃八分饱"的传统养生文化——吃到不饿为止（一般为80%左右），而不是吃到饱为止。用心吃饭能让你体会到自己的所有感官（触觉、视觉、嗅觉、听觉和味觉）是如何与食物建立联系的。你能更深刻地认识到进食的体验及对身体的影响。你会进一步接受自己的饮食习惯对周围世界的影响，从而与自然和他人建立更深的联系。

用心进食可以让你提高自我意识，选择更健康的饮食习惯，对你的健康和幸福有长期、积极的影响。随着时间的推移，日常决定和习惯中微小而积极的改变会产生巨大的影响。用心进食也非常有助于避免情绪化进食和饮食过量。

更深刻地理解当下的想法、感受、感觉和行为以及触发进食的因素（包括情绪上的暗示），为你选择不同的应对方式提供了余地。当你改变对食物的想法时，你就会增强自控力，选择更健康的饮食模式。当你更好地营造自己所处的环境，投入更多精力用心进食并提前做好计划时，你的进食模式就会更稳定，不再依赖于自己难以预料的意志力。认识变得敏锐，你的反应就会经过深思熟虑，为自己、家人和地球做出更健康的选择。

用心进食可以使你更好地接收饥饿和餍足（吃饱）的信号，这个过程大约需要20分钟。你会减少情绪性进食（由压力、悲伤、孤独感等引起），拒绝周边环境让你进食的暗示。你不再自动进食，而是经过更多的考虑，同时降低暴饮暴食的频率和严重程度。彻底咀嚼食物让你充分享受食物，因为你能更好地调动感官，探索味觉上的所有味道（甜、酸、咸、苦、辣）。它能让你更有效地消化食物，从而防止吃得过饱。所有这一切都有助于你形成一种更持久的健康饮食模式，帮助你长期控制体重。

用心进食除了以充饥为目的，它还鼓励鉴赏、享受和品味食物（从食物的来源、制作食物的人到食物本身）。

在选择食物时，用心进食并不是用热量衡量"行"或"不行"，相反，它是一种承诺，在你和食物之间建立更积极的关系。它让你能够选择更有益于健康的饮食习惯，充分尝试美食的可能性。用心进食会让你的视野更加开阔，眼光延伸到你与食物的整体关系，包括你如何购买、寻找、准备和烹饪食物，以及你进食的环境、与你一起进食的人。

饮食的科学

安塞尔·凯斯（1904—2004）是一位美国科学家，他对不同国家心脏病发病率的差异产生了浓厚的兴趣。这促成了他的"七国研究"，随后发现了地中海饮食对健康的好处。他听一位意大利教授说，意大利很少有人得心脏病，于是他决定在意大利南部的奇伦托沿海地区进行一次公路旅行，亲自去一探究竟。在一个叫皮奥皮的小渔村短暂停留喝咖啡时，他注意到周围似乎有很多老人，他们活跃、精力充沛，而且午事已高，确实非常老。进一步调查后，他发现当地的 500 名居民中有 81 人的年龄超过了 100 岁！凯斯做了调查。他注意到，除了新鲜蔬菜、水果、橄榄油和当地出产的时令食物等地中海饮食，他们的生活方式包括经常运动、与社区紧密联系和可持续生活（sustainable living）。与美国人和北欧人相比，他们的心脏病发病率非常低。这些发现给凯斯留下了深刻的印象，于是他决定与妻子玛格丽特永久搬到皮奥皮，采用地中海饮食和当地的生活方式。他撰写了三本书，活到了 100 岁高龄。这到底是不是巧合呢？

最近，人们的注意力转移到了意大利南部奇伦托地区一个与皮奥皮村大小类似的小村庄，它位于萨莱诺省，距离那不勒斯约 85 英里。这个村庄叫阿恰罗利，距离皮奥皮只有几公里。在这里，600 多名居民中有 10% 是百岁老人。此外，心脏病、痴呆、糖尿病和白内障的发病率也非常低。这里的居民热衷于地中海饮食，特别喜欢鳀鱼、橄榄油、香草（尤其是迷迭香）和葡萄酒。他们生活悠闲，面带微笑，有引人注目的生活乐趣，而且在保持放松方面有一种超乎寻常的能力。

就均衡营养对健康的好处而言，地中海饮食是一颗明星。首先，作为一种有益于心脏健康的饮食，它能降低人们患心脏病的风险。《欧洲心脏杂志》上发表的一项历时 4 年、涉及 39 个国家和 15000 人的研究发现，如果严格遵守地中海饮食习惯，患心脏病、中风或死于缺血性心脏病的风险就会大大降低。[1]

---

[1] M.A. 马丁内斯－冈萨雷斯、A. 赫亚和 M. 鲁伊斯－卡内拉（2019）。《地中海饮食与心血管健康》，《循环研究》，124（5），779—798。

2013年，一项地中海饮食研究发表在《新英格兰医学杂志》上，它调查了7000名患有2型糖尿病或心脏病发病风险高的男女。研究发现，选择热量不受限制的地中海饮食（包括特级初榨橄榄油和坚果）的人，心脏病发病的风险降低了30%。对25000名男女的进一步研究发表在《中风》上，该研究发现，遵循地中海饮食习惯的女性（而非男性）的中风率有所下降，其中高风险人群的中风风险最多可降低20%。[1]

针对地中海饮食研究的部分参与者为期4年的跟踪调查结果显示，地中海饮食可降低罹患2型糖尿病的风险。2013年发表在《美国临床营养学杂志》上的其他研究（一项荟萃分析）发现，地中海饮食有助于控制血糖。地中海饮食还可以降低罹患某些癌症的风险，尤其是结肠直肠癌和乳腺癌，这主要是因为地中海饮食强调全谷物、水果和蔬菜，并富含抗氧化剂和抗炎成分。

在心理健康方面，地中海饮食有助于降低抑郁风险。4项跟踪研究发现，与助长炎症的标准美国饮食（SAD）相比，地中海饮食可将抑郁风险降低三分之一。2018年9月发表在《分子精神病学》上的41项观察性研究发现，地中海饮食习惯的人群抑郁症发病率有所降低。

最后，地中海饮食作为积极生活方式的一部分，可以延年益寿。端粒位于染色体的末端，有助于保护染色体末端免受磨损。随着端粒的缩短，慢性疾病的发病率会上升，预期寿命也会缩短。哈佛大学2014年的一项研究（针对4000多名女性）发现，越是坚持地中海饮食，端粒

---

[1] K.E. 佩特森和P.K. 敏等（2018）。《无论心血管疾病发病风险高低，地中海饮食都可以降低该人群发生中风的风险》，《中风》，49：2415—2420。

就越长，这提示饮食习惯中的微小积极改变能带来巨大变化。

虽然支持地中海饮食能降低疾病和降低死亡率的证据非常充分，但最重要的是它整体上传达的信息：适量、避免在两餐之间吃零食、限制进食时间以及饮食模式的社交化。美食喜欢陪伴——想想与家人、朋友和伙伴一起享受美食的场景。再加上积极的生活方式，经常运动，有时间从压力中恢复，以及真正的归属感，就能更充分地融入地中海生活方式的方方面面。

那么，地中海饮食都包括什么呢？

地中海饮食一直被认为是地球上最健康的饮食方式之一，它结合了传统的食物和烹饪技术，以及地中海沿岸国家取之不尽的各种风味食材。地中海饮食被世界卫生组织视为一种健康且高度可持续的饮食方式。与其说它是一种饮食，不如说它是一种生活方式。虽然"饮食"一词通常意味着排除或少吃某些食物，但地中海饮食强调以植物为主，其简单的理念就是多多益善。地中海饮食提供了极大的多样性和可变性，以及促进健康的巨大活力。作为一种具有包容性而非排斥性的饮食（包括所有食物种类），它具有足够的灵活性，既能满足你的特定饮食偏好，又能避免受许多其他饮食方式的限制。与热量相比，它更注重食物的颜色和一致性。

以下是我对地中海饮食的理解，即积极改变生活方式，改善健康和提升活力。地中海饮食强调全部原食物，即尽可能接近自然形态的食物［包括水果、蔬菜、全谷物、豆类（包含豌豆、扁豆）、坚果和种子］。能为健康带来好处的似乎是各种食物的组合，而非单一的"超级食品"成分。也许最重要的是，你不需要去更远的地方，只要去当地的食品市场或超市，就能把这些对健康大有裨益的食物带回家。

健康脂肪。这是地中海饮食的重要组成部分，包括单不饱和脂肪和多不饱和脂肪（polyunsaturated fat）。它们能降低低密度脂蛋白（LDL）和总胆固醇水平，降低甘油三酯水平，提高高密度脂蛋白水平。要避免反式脂肪（trans fats），尽量减少饱和脂肪。单不饱和脂肪的丰富来源是橄榄油，尤其是特级初榨橄榄油，它加工较少，含有更多的抗氧化剂，能降低低密度脂蛋白和总胆固醇水平。菜籽油、种子、鳄梨和树坚果（杏仁、核桃、山核桃、腰果、榛子）中也含有单不饱和脂肪。鳄梨含有油酸，可降低低密度脂蛋白胆固醇，鳄梨油也可用于烹饪。多不饱和脂肪存在于坚果和种子中，在富油的鱼类中含量尤其高，包括长鳍金枪鱼、鲑鱼、鲭鱼、沙丁鱼和鲱鱼。多不饱和脂肪能降低血脂水平，减少炎症，降低血栓风险，抑制血管壁上胆固醇斑块的生长。

以植物而非肉类为主。植物性食物是地中海饮食的基础。以植物为主的饮食（大量蔬菜、水果、全谷物、坚果、种子和植物蛋白来源，如豆类）可以显著降低低密度脂蛋白胆固醇、血脂和血压。它们含有的高纤维能帮助你保持更有利于健康的体重，因为你进食后会更快感到饱足。纤维还有助于调节血糖水平。

当然，大量摄入的蔬菜、水果和坚果也饱含抗氧化剂。抗氧化剂可保护端粒，帮助预防慢性疾病，对抗随年龄增长出现的退化和氧化应激（oxidative stress）。植物性食物中含有数千种促进健康的植物化学物质和保护因子，有益于健康，利于长寿。

水果和蔬菜。争取每天吃 7~10 种像彩虹一样的各种颜色的水果和蔬菜，从甜菜根、蓝莓到红辣椒，应有尽有。同时，注意口味和质地的多样性。

全谷物。改吃全麦面包、面食和谷物。考虑一下传统的地中海谷物，如大米（糙米、黑米和红米）、干小麦、大麦和法罗麦。全谷物富含可溶性膳食纤维（soluble fibre），是精制谷物的最佳替代品。燕麦富含可溶性膳食纤维，能与肠道中的胆固醇结合，有助于在胆固醇进入血液循环之前将其排出体外。摄入更多可溶性膳食纤维的便捷方法是喝一碗燕麦片或麦片粥（约2克可溶性膳食纤维）。目前的营养指南建议，在每天35克的纤维摄入总量中，摄入5~10克可溶性膳食纤维。

坚果和种子。有益于心脏健康的坚果包括杏仁、巴西坚果和核桃——它们都富含 ω-3 脂肪酸（omega-three fats）以及镁、锌等微量元素。种子中富含有益于心脏健康的 ω-3 脂肪酸的有亚麻籽和奇亚籽。

豆类（含豌豆和扁豆）。这些豆类都含有丰富的可溶性膳食纤维，各种形状和大小的豆子还含有大量有益于健康的微量元素，例如钾和镁。它们是有益于心脏健康的饮食的重要组成部分。

脂肪含量高的鱼类。每周吃两到三次富含 ω-3 脂肪酸的鱼类（沙丁鱼、金枪鱼、鲑鱼、鲭鱼），有助于降低甘油三酯和预防心律不齐。鱼的烹调方式最好是放到烤箱里烤，避免油炸。类似的贝类包括牡蛎和淡水蚌。

适量乳制品。可以饮用酸奶（希腊酸奶和原味酸奶）、酸乳酒和少量奶酪。可以尝试一下佩科里诺干奶酪（富含 ω-3 脂肪酸）。

调味品。加入大量新鲜香草和香料。比如，迷迭香、香菜、大蒜、百里香、姜黄和黑胡椒。尽量少放盐。

液体。当然，喝足够多的水，保持水分充足，对新陈代谢、维持精力和注意力非常重要。请记住，成人体内的水分约占体重的三分之二。你的大脑中70%以上是水，你的肌肉中（包括你的心脏）75%以上是水，你的肺中80%以上是水，你的皮肤中64%是水，甚至你的骨骼中30%也是水！水是人体需要大量摄入的营养物质。喝足够多的水以保持适当的水分，意味着男性每天要喝大约3.7升水，女性每天要喝大约2.7升水。

对我来说，优质咖啡是人生一大享受，值得细细品味。此外，经常喝咖啡可以降低罹患多种慢性疾病的风险，减少意外事故（也许是通过提高注意力和警惕性），同时有助于长寿。2019年发表在《欧洲流行病学杂志》上的一项重要研究发现，死亡率最低的一部分人每天要喝大约三杯半咖啡。当然，过多的咖啡因可能会导致心悸、引发焦虑，并且咖啡因的半衰期较长，会导致你夜不能寐。如果你不喜欢喝咖啡，可以考虑喝茶，不仅有绿茶这类普通茶叶制成的茶，还有花草茶，它们富含抗氧化剂，能提升活力、促进健康。至于酒，可以适量饮用（考虑喝一杯而不是一瓶！）。

甜点。新鲜水果——依然像彩虹一样，各种颜色的都要有。甜食留到特定时刻吃。黑巧克力（可可含量至少为70%，最好是85%）富含白藜芦醇（resveratrol），有益于心脏健康和血液循环，还能提高高密度脂蛋白水平。它含有可可碱，希腊语中意为"神的食物"。

正如我一直所说的，微小的改变随着时间的推移会产生巨大的影响。以下是几种简单易行的方法，能让你的饮食更接近地中海饮食模式。

〇尝试每天吃颜色和彩虹一样多的食物（从蓝莓、甜菜根到红辣椒，以及各种颜色的食物）。

○尝试在一周的饮食中摄入30种以上不同的植物性食物（没错，数一数）。例如，如果你吃了一把含有亚麻籽、奇亚籽和芝麻的混合种子，那么这就算三种。

○在全谷物面包上蘸特级初榨橄榄油，然后在上面涂上少许鹰嘴豆泥，这样就能一次吃三种（鹰嘴豆泥来自鹰嘴豆，特级初榨橄榄油来自橄榄，再加上全谷物面包）。

○尝试用特级初榨橄榄油代替黄油或乳制品涂抹酱，例如，用全谷物面包蘸特级初榨橄榄油，再加上一根迷迭香或少许大蒜调味。

你体内的微生物群是100万亿个微生物独一无二的集合，它们有数千种不同的类型，分布在你的身体各处，主要是在肠道中。现在已经公认，人体的许多生化过程和代谢途径中，在维护健康和预防疾病方面，微生物群保持健康和多样性有举足轻重的作用。这会影响情绪、新陈代谢、体重和免疫系统，以及对钙和镁等关键矿物质的吸收。

菌群失调——微生物群失衡——会导致许多问题，包括你会感觉更累、压力更大、更焦虑、体重增加、情绪低落、记忆力降低，以及"脑雾"和炎症。现代西方饮食中加工食品泛滥且富含糖，被认为与健康微生物群的需求背道而驰。根据正在进行的研究，导致这种失衡或菌群失调的其他原因包括睡眠或运动不足、有害压力以及环境毒素的作用。

睡眠不足、时差和轮班工作也会影响微生物群，从而引发肥胖。举例来说，有人进行了一项引人入胜的研究，将时差变化综合征患者的粪便放入健康小老鼠的肠道。[1]小老鼠随后变得肥胖,而健康人(没有时差变化综合征,也没有轮班工作)的粪便对小老鼠没有影响。

艰难梭菌(clostridium difficile)感染是一种严重的医院获得性感染,有可能造成致命后果。美国的一项研究发现,通过一种被称为肠道菌群移植的方法,将健康人的粪便转移到艰难梭菌感染者的直肠中,可以起到治疗作用。所有这些研究都表明,人们越来越认识到微生物群在保持身体健康方面的关键作用。

肠道微生物群与大脑连接并不断沟通,通过产生各种神经递质(如血清素、多巴胺、乙酰胆碱和γ-氨基丁酸)来影响人的情绪和精神状态。健康的微生物群会影响大脑的神经递质,使大脑保持完美平衡和正常运转。花点时间思考一下,你目前选择的食物是滋养了还是忽视了你的微生物群。几乎永远有改进的余地!虽然许多因素都会对微生物群产生不利影响,但以下一些饮食建议有助于重新平衡你的微生物群。

肠道益生菌本质上是富含纤维的食物,你身体的微生物群中的微生物和细菌以此为食。人由于缺乏分解纤维所需的酶而无法消化纤维,但生活在结肠中的微生物却可以分解、发酵纤维,并吸收纤维发酵的产物。在这种发酵过程中会释放短链脂肪酸(SCFA),SCFA参与人体新陈代谢,并在人体中发挥重要作用。此外,SCFA还能降低肠道环境的pH值,而某些类型的肠道细菌更适合在这种偏酸性的环境中生长(例如,短链脂肪酸抑制了艰难梭菌这类有害细菌的生长)。含有肠道益生菌的食物包括大蒜、洋葱、洋姜、芦笋、韭菜、西红柿、胡萝卜、海藻

---

[1] E. 杨(2014)。《时差如何打乱你的生物钟节拍》,《国家地理》杂志。

和香蕉等。燕麦、大麦和小麦等全谷物食品以及豆类、水果和蔬菜都是肠道益生元的优质来源，此外还有姜黄和肉桂等香料。

虽然抗生素对严重的细菌感染有救命作用，但过度使用导致的抗生素耐药性增强却令人十分担忧。要知道，抗生素不仅会消灭有害细菌，还会消灭微生物群中的有益细菌。此外，许多上呼吸道感染是由病毒引起的，而抗生素对病毒完全无效。如果你确实需要遵医嘱服用抗生素，请注意同时摄入大量肠道益生菌和益生素，以减轻抗生素对微生物群的不利影响。

保持你身体中微生物群健康和多样性的最佳方法之一是摄入多种植物性食物。研究表明，在每周的饮食中摄入30种以上植物性食物，可以提高体内微生物群多样性，改善心脏健康、心理健康，更好地管理体重。可以考虑全谷物、坚果和豆类。一茶匙混合种子——每类种子都算一种！

肠道中的有益菌喜欢以复合碳水化合物（全谷物）、水果和蔬菜中的膳食纤维为食。如果你的饮食中缺乏这些食物，那么你体内的细菌就会以肠道内壁黏膜为食，这可能会导致炎症和潜在的疾病。认识到微生物群的重要性，你就可以选择更好的生活方式，从而更持久地改善健康、提升活力。

索尔克研究所进行的一项杰出研究强调了进食时间的重要性。[1]大脑的昼夜睡眠-清醒周期是通过暴露在光线下触发的，而身体的其他器官

---

1 M.J. 威尔金森和 E.N.C. 马努吉安等（2020）。《十小时限定时间进食可改善代谢综合征患者的体重、血压和动脉粥样硬化血脂状况》，《细胞代谢》，31（1），92—104。

都有自己的内部时钟。一天中的第一缕阳光会触发大脑时钟，开启这些"器官时钟"的则是早晨的第一杯咖啡或第一口食物。因此，有必要改善饮食模式，让器官细胞有足够的时间休息、修复和复原，以最佳状态发挥作用。

许多人每天进食的时间往往超过15小时。你呢？间歇性断食是指每天在最长12小时的时间窗口内摄入所有食物。在这个时间窗口之外，可以喝水，也可以喝不含咖啡因、牛奶或甜味剂的花草茶。此外，至少要在睡前3小时吃完饭，以便让身体放慢节奏，休息、修复和恢复活力。

向果蝇学习是了解衰老遗传学（the genetics of ageing）的重要途径，因为果蝇与人类共享许多基因，而且寿命只有30天的它们是理想的研究对象。美国圣地亚哥大学对果蝇的研究结果发表在2015年的《科学》杂志上。研究发现，负责昼夜节律的基因很大程度上决定了果蝇是否会患上与饮食有关的心脏病。执行限时进食计划的果蝇的心脏看起来比它们的实际日龄年轻20%~30%。此外，当进食时间窗口缩短到12小时时，日龄较大的果蝇也能拥有更健康的心脏。鉴于果蝇的心脏和人类的心脏十分相似，人类很有可能同样可以从限时进食方法中受益。

针对间歇性禁食的科学研究同样关注到胰岛素分泌水平下降带来的好处：你能够燃烧更多的脂肪，前提是胰岛素分泌下降幅度足够大、下降持续时间足够长。限时进食的其他潜在好处还包括减少炎症细胞，降低血糖，改善新陈代谢功能和大脑功能。当然，如果你有健康隐患，尤其是进食紊乱，或者正在怀孕或哺乳，那么在严密的医疗监督下才能考虑限时进食。

实践出真知

我的另一位病人也曾为此苦恼不已。自从我认识布赖恩以来，他就一直超重。他连续创业成功，为了生意经常在不同的时区出差，他的时间和精力似乎足以让他应付一切，但他唯独对自己的健康不太在意。引用布赖恩的话说："我感觉很好，也没有生病，所以健康对我来说并不是要优先考虑的事项。"虽然他也做了一些锻炼，但只是零星的，缺乏规律性，而且他经常缩短自己的睡眠时间。然而，他最大的问题是自己的饮食习惯。他的饮食习惯偏重于"三个s"：盐（salt）、饱和脂肪（saturated fat）和卡路里过剩（surplus calories）（有些人称之为标准美国饮食），当然也缺乏营养和多种颜色的植物性食物。

50岁时心脏病发病给布赖恩敲响了警钟。他比大多数人都幸运，很快就被送到医院，心脏支架疏通了他心脏的一条关键动脉。虽然留下了后遗症，但他完全有机会康复。当然，前提是他必须改变生活习惯。

这也是我和布莱恩见面时所强调的。他已故的父亲多年前死于心脏病，与他不同的是，布赖恩获得了第二次机会。他很幸运地活了下来，接下来怎么做主要取决于他自己。实际上，他有两个问题需要回答。第一，健康对他有多重要？（他的回答是"非常重要"。）第二，他对做出改变有多大信心？（他的回答是"相当有信心"！）

在与布赖恩的谈话中，我分享了关于饮食习惯的两个重要观点。首先，养成用心进食的习惯，意识到自己的需求，切实将情绪性饥饿与生理性饥饿区分开来。学会用从1分（饥肠辘辘）到10分（完全吃饱）给自己的饥饿程度打分，这能帮助布赖恩正确认识自己的进食计划。其次，从他的饮食习惯来看，区分营养成分和热量对心脏健康十分重要。他说，他发现我的播客《医生的椅子》中有一集以地中海饮食为主题,这对巩固基础知识很有帮助。布赖恩完成了剩下的工作。如今,将近一年过去了,布赖恩已经改变了他对食物和营养的态度。他甚至自己种植蔬菜。在这段时间里,他的腰围从44英寸缩小到了39英寸。现在,布赖恩在用心进食方面取得了巨大的进步,同时更加主动地维护自己的健康。

用心进食的处方

为了在你的生活中引入更多用心进食的观念,我建议你写一到两周的书面日记(包括周末)。只需简单记录下你吃的东西(食物的种类和数量)、进食的时间以及进食前后的感觉,你就可以重新认识自己当前的饮食模式。这可以令你进一步深入地讨论用心进食,以此为新起点,开始更主动地改变。我整理了一份日记问题清单,帮你顺利着手反思。

日 记

○我什么时候吃饭?

○何时购物,去哪里购物?

○购物时我有什么感觉?

○我是有购物清单,还是冲动购物?

○我每天什么时候吃第一口饭,什么时候喝最后一口水?

○我相隔多久想吃饭或零食?

○我吃东西时会感到内疚吗?

○我在哪里吃饭?

- 我总是坐在厨房的餐桌旁吃饭吗？
- 我白天会买零食吃吗？
- 我在跑步时吃东西吗？
- 我进食的诱因是什么？饥饿还是习惯，无聊还是压力？
- 我渴望食物吗？我渴望什么类型的食物？
- 我什么时候或什么情况下会产生这些渴望？
- 我是在意志力薄弱的时候产生了这些渴望吗？
- 是否有什么情绪令我吃东西，即使我不饿？
- 我是否曾将饥饿误解为压力、过度劳累或无聊的感觉？
- 我是否注意到一些健康问题？
- 我试过节食吗？
- 我饿的时候怎么知道自己饿了？
- 我喝的水够多吗？
- 我试过用喝水来缓解所谓的饥饿感吗？
- 我每天一般吃什么？
- 我晚上出去时一般吃什么？
- 我周末一般吃什么？
- 我喜欢吃什么零食？
- 我该用多大尺寸的盘子？
- 要想吃得更健康，我能做点什么来开始改变？
- 什么样的饮食对我来说才是成功的？
- 我该如何衡量进展情况？
- 我该如何奖励自己的改变？

○当我感到有压力、无聊、心烦意乱时，我会吃什么？

○是否有一些人、地点或联想会引发特定的饮食习惯？

○我吃得快吗？

○我有细细品味食物吗？

○我要吃多少？

○我总是把盘子里的食物吃干净吗？

○我有暴饮暴食的倾向吗？

○我吃完饭后感觉如何？

○我如何利用进食补充的能量——锻炼或运动？

饥饿评分是一个主观的刻度表，当你进食时，可以用来引导你的感受。它可以帮助你了解自己的饮食习惯，提高你的洞察力，让你调整自己的决策，与食物建立更健康、整体上更令人满意的关系。饥饿量表能让你更好地区分情绪饥饿和生理饥饿。一开始可能很难察觉个中差异，因为什么时候吃什么是由大脑决定的。

只需在进食前、进食中和进食后按以下量表给自己打分即可。目标是当你在量表上给自己打3或4分时开始进食，当你打6分时停止进食。把它当作一个粗略的指南——如果关于如何使用的说法不适合你，那就用你自己的话来修改它。这样做的目的不在于追求精确或完美，只是为了协调你身体的状态和对食物的需求。

1. 饿极：你可能会感到虚弱，甚至头昏眼花。你有什么吃什么，哪怕是你不喜欢的食物。

2.非常饿：精力不足，肚子咕咕叫。

3.饥饿：你感到饥饿，有强烈的进食欲望。

4.饥饿的最初迹象：意识到想吃东西。

5.不偏不倚：舒适。既不饿也不饱。

6.满足：不再感到饥饿。满足，但还能再吃几口。

7.饱：你完全满足了，甚至有点不舒服。你已经吃饱了，尽管你的大脑可能会告诉你再多吃一点。

8.胀：你感到腹胀不适，吃得过饱。

9.非常饱：特别饱。你感觉太饱了，不舒服。

10.过饱：一想到更多的食物，你就会感到恶心。

熟能生巧。所以，当你重复这个练习时，你的自我调节会更加自如，感觉对自己的饮食习惯控制力更强。它能帮助你减少因情绪、安慰或无聊而进食，转而满足向身体提供营养的真实需求。

餐前：

○确保水分充足，避免将饥渴与饥饿混为一谈。

○将注意力集中在你的胃上，为自己的饥饿程度打分。

○一般情况下，如果距离吃上一顿饭已经有4个小时左右的时间，你的分数会大约是3分。

用餐时：

○在用心进食的过程中，持续关注自己的分数。留心有没有信号表明你已经不再饥饿并且感到满足。

〇吃到一半和四分之三的时候检查一下，进一步体会你的饱腹感。即使你的盘子还没有空，也要尽量在打到6分时停止。

餐后：

〇再次查看你的分数。你现在对自己的分数感到惊讶吗？

提前计划。当你感到饥饿的时候，你的思维并不总是很清晰；当你的胃里咕噜咕噜响时，你更容易伸手去拿离你最近的或甜或咸的零食，为此，请提前放好自己的零食——把它们放在家里或办公室里触手可及的地方。你还可以把汽车当作一个有益于健康的环境，在车里放一瓶水和装满健康零食的塑料盒子。

暂停片刻。开始用餐之前，花一点时间欣赏即将享用的食物、准备食物的人以及可能与你分享食物的人，并且表达感恩。让用餐成为一种仪式，而不是狼吞虎咽。思考食物所涉及或庆祝的文化传统，以及与食物有关的一切——食谱、烤箱、平底锅和使用的其他设备。感谢提供食物的商店，将食物摆放在货架上的工人，食材。记住创造食物的自然元素，包括阳光、土壤、水、风和雨，还有那些参与播种、收割和收获的人，以及帮助他们的供应链。

在进食过程中，还有一些保持大脑清醒的小窍门：

〇为了让自己慢下来，可以尝试用筷子，或者用你的非惯用手来拿餐具。

〇细嚼慢咽，专心致志。试着分辨出所有食物品种。

○小口进食，充分咀嚼——每口食物咀嚼20~40次。
○在进食两口之间放下餐具。

更用心的进食需要从头开始，也许从每天的某一餐开始，这就是进步。在进食前暂停一下是一个绝妙的技巧，能让你在用心进食上更进一步。意识到自己此时此刻的真正需要（可能更需要一句美言或一个安慰的拥抱，而不是一块饼干）。建立自我意识之后，你能找到真实的自我，调整自己的选择，对准真正的健康目标。

第三部分

活力之魂

"活力之魂"主张通过重新发现自我本质的内心之旅与世界建立联系，同时更广泛地连接世界。这可能包括信仰中的精神活动、冥想或与大自然的简单联系。这样做的目的是让你鼓起勇气，以强烈的自我意识接受自己的恐惧，理解生命的价值（ikigai）和意义，从而强化自己。从生活的压力中恢复元气和活力，同时提高自己的创造力。体验简单和平静，深刻体会称心快意的感觉，发自内心地感到满足。

目标：寻找你的目标

"生活艺术大师不会把工作和娱乐、劳动和闲暇、精神和身体、教育和消遣截然分开。他几乎不知道哪个是哪个。"

——L.P. 杰克斯

这听起来说得像你吗？你是否每天都在做自己喜欢的事情？是否在做有意义的事情，发挥自己的特长？如果是，那你就是幸运儿之一，因

活出生命力

为缺乏目标已成为现代社会的流行病，许多人都缺乏这种激情，也不知道自己在这个世界上活着的意义。这种后果表现在很多方面，从成瘾、加速倦怠到糟糕的健康状况。事实上，周一清晨心脏病发病的人数比一周中其他任何时候都多，因为他们要去做自认为缺乏目的、意义和成就感的工作。

美国疾病控制与预防中心发现，每三个人中只有一个人在早上有令人信服的起床理由。因此，许多人都在寻找更多的意义和目标。从未有这么多人希望将生活中的点点滴滴联系起来，将个人与职业、学术与精神联系起来。我们要重新将自己的工作与自己活着的意义联系起来，做出不同凡响和有意义的贡献。

现代社会，人们在生活中一味地追求"更多"——更多的物质主义、炫耀性消费、无休止的比较。虽然渴望成功和享受生活中的美好事物是很正常的，但请记住，享乐主义的适应性变化——这种趋势和变化极为真实，人们很快会适应物质享受，将其视为"新常态"的一部分。除非或直至找到更深层次的意义感和精神联系，否则物质满足无论多么短暂都是不足为奇的。中国哲学家孔子曾说过，人有两次生命，当你意识到自己只有一次生命时，你的第二次生命就开始了。[1]过有目标的生活，会让你感觉更有活力，让你真实而极为清晰地认识那些最重要的事情。

那么，生命的真谛是什么？这是一个伟大的问题，也是历史上吸引学者和圣贤的永恒问题之一。事情是这样的。无论你的职位或职衔如

---

[1] 编者注：这句话在西方被广泛认为出自孔子。具体出处不详。

何，无论你拥有什么专业资格，无论你住在哪里，也无论你的工资单上有多少个零，我相信人生的真谛可以用一个词来概括：服务。

目标的好处

想象一下，有什么东西如此有益，不仅能降低罹患心脏病、中风和痴呆的风险，还能减轻压力、增强恢复力和改善人际关系，增加你在接受治疗后远离酒精和毒品的机会。给自己的人生旅程注入更多活力（从字面意义上讲），可能会延长自己的寿命（使自己的岁月充满活力），让你一整天都更有精神，甚至晚上睡得更好，也许比定期锻炼更能降低你早逝的风险——这已经很了不起了！最重要的是，它可以免费获得。我听到你说"不可能"！但这种东西确实存在——它就是你的目标。你这种独一无二的能力，能让你的生活充满意义，让你与众不同，让你产生影响，让你掌握满足的艺术。重新发现自己的目标，这从本质上说可能是决定你整体幸福感的最关键因素。

树立目标有助于你养成更健康的生活习惯和行为模式，让你更主动地做出有利于健康的选择。当然，这里面可能有因果关系，因为不太健康的人可能只是缺乏追求业余爱好的能力，难以参与有目的性的活动。也许你在生活中的目的性更强时，就会更重视自我保健，更主动地关注自己的健康。

虽然工作和事业能给人带来巨大的意义，然而过早退休可能会缩短寿命。有些人（尤其是男性）倾向于用他们的工作来定义自己。结果，当他们停止工作时，就会思考一个问题：他们活着的意义是什么？这就

活出生命力

是为什么退休会影响健康，尤其是对男性而言。因此，关键在于在更广阔的背景下重新定义目标。要想在类似退休这样的重大人生转变时刻免受影响，重要的是为自己的生活确定方向，同时在工作或社会对你的定义之上设立一个总体目标。

目标能增强韧性。你能更好地应对生活中的磕磕绊绊，为生活中的挑战建立有效的缓冲。你能更好地专注于最重要的事情——你的"北极星"——你的价值观和有意义的目标，从而保持注重实际的乐观主义。于是专注、进步、更多的目标就在相互协同中实现了螺旋式上升。目标可以改变你对压力的看法，帮助你接受压力，储备潜能去克服挫折、逆境和生活中不可避免的失望，从而实现所谓的创伤后成长（post-traumatic growth）。目标能保护你免受有害压力的影响，其实现方式或许是降低压力激素分泌（皮质醇分泌）水平和血压。在你的生活中确立更多的目标，无论是海上游泳、公路跑步，还是为自己关心的事业做志愿者，都能提供一种核心心理需求："重要性"。

目标就像胶水，能让你的思想、情感、精神和身体更紧密、真实地联系在一起。你的所想、所感、所做，会与思想、言语和行为更加一致。这将在你的大脑和心灵之间建立起更密切的联系，让你更接近自己的本质——自然、不做作、真实。你在生活中会有更多机会成为领导者，有能力掌控自己的选择，更清楚地知道什么才是真正重要的。你会更坦然地接受真实的自己，包括自己的缺点和不完美，因为你会心怀目标，以迎接生活中的挑战。有目标的生活能让你的自我意识更加强烈，进而与他人的关系更密切，更多参与到家庭、同事和社区中。

第三部分 活力之魂

目标的科学

有更明确的目标，可能能够预防心脏病发病。美国西奈山医疗中心对超过 13.6 万名男性和女性的研究发现，无论如何定义目标，无论涉及哪个国家，只要相信有目标和意义的生活是有价值的，心脏就会更健康（心脏病发病率降低 19%，死亡率降低 23%）。同时，目标感低与中风或心脏病发病以及支架或搭桥手术风险增加有关。

2014 年，一项大型研究的成果发表在《柳叶刀》杂志上。这项研究历时 8 年，涉及 9000 名 65 岁以上的男性。研究发现，目的性最弱的人中有 29% 死亡（相比之下，目的性最强的人中只有 9% 死亡）。目的性最强的人平均寿命延长了 2 年。发表在《美国医学会杂志》上的一项针对 7000 名 51~61 岁美国人的大型研究发现，对人生有明确目标的人比没有明确人生目标的人死亡率更低，而且患心脏病的风险也更低。比起戒烟、不酗酒甚至不经常锻炼，目的性可能在预防疾病方面有更多好处。相反，无论种族、性别、财富或教育水平有什么差异，目的性不强都会与较早死亡联系在一起。

冲绳群岛上居住着一些世界上最长寿的人。在这里，男人和女人的身体和精神充满活力。我们可以看到，他们与曾孙、玄孙一起玩耍，与花园和周围的世界保持联系。他们的慢性退行性疾病（chronic degenerative disease，从糖尿病到痴呆）发病率要低得多，往往能年过百岁。这里没有直接表达"退休"的词，而他们生活哲学的基石则被概括为"ikigai"（发音为 eek-ee-guy）一词。它源于：

○ -iki：意为活着或生命等。

○ -gai：意思是值得活下去，实现梦想、希望和期待。

ikigai 的意思是"存在的理由"或"生活的意义"，包括生活的目标、快乐和幸福感。

ikigai 的概念源于一个永恒的理念，即身体、精神和情感健康彼此连接，所有这些因素都与你的个人目标交织在一起。与法语中的"存在的理由"（raison d'être）相似，ikigai 可以美化你的整个生活，让你体验到更多积极的情绪，比如快乐，让你每天早上都有理由起床。找到自己"存在的理由"或让它找到你，你会感受到更多的幸福和满足。

ikigai 是柄双刃剑，因为它包括内在目标和外在目标。内在目标是一种"存在感"（一种值得活下去的感觉或精神意义），而外在目标则是一种"行动感"（值得你活下去的价值来源）。换句话说，在为自己设定目标的同时，也要让他人受益。

大崎研究（Ohsaki study）对 40000 多名年龄在 40~79 岁的日本男性和女性做了调查研究，参与者被问到一个简单的问题：你的生活中有 ikigai 吗？[1] 回答"有"的人中，超过 75% 的人自评健康状况良好或极佳。

实践出真知

针对这个案例的研究与其他研究略有不同，这与我自己的心路历

---

[1] T. 曾根、N. 仲谷和 K. 大森等（2008）。《日本的生命价值观（ikigai）与死亡率：大崎研究》，《心身医学》，70（6），709—715。

程有关。在保罗·科埃略的名著《牧羊少年奇幻之旅》（我最喜欢的作品之一）中，小牧童圣地亚哥在埃及金字塔中寻找宝藏，他相信宝藏会给他带来幸福。这个故事引起了我的共鸣，因为我也曾寻找过"宝藏"——就我来说，寻找"宝藏"是我的职业目标——但在找到"宝藏"之后，我同样感到了幻灭。作为一名医生，我的许多职业目标很早就随着医生事业的"成功"而实现了，但我发现自己变得太忙了。作为一名负责初级保健护理的社区全科医师，我的自我意识和内心的声音被工作中无休止的情感需求淹没。

就在2008年我开发沃特福德健康公园之后，全球经济危机爆发了。更直白一些说，许多人，尤其是建筑行业的人失去了工作，而更多的人不得不面对双重问题：巨额的负债和几乎为零的收入。那么多的恐惧、经济困难、严重的忧虑，以及我认识的许多人陷入绝望和抑郁的恶性循环。不幸的是，生命逝去，家庭破裂，未来支离破碎。许多没有承付款项的年轻人移居国外，还有许多人陷入了偿还债务的恶性循环。

在那段时间，我比大多数人都幸运，因为我有很多有意义的工作要做，可以为他人提供帮助。尽管如此，政府大刀阔斧地紧急削减财政支出让提供高质量的初级医疗服务变得异常艰难，尤其是还要面对来自银行的残酷压力。在那段黑暗的日子里，任何一名雇主要维持正常运转都不容易。虽然我身边有一支优秀的团队，但几年后，我开始感到心力交瘁。具有讽刺意味的是，医学培训中一条不言自明的"真理"是：人们在某种程度上认为，医生应该是无坚不摧的，不会受压力影响。医生应该不受夜以继日地工作的不良影响，把睡眠不足当作值得钦佩的事，把生病当作应受谴责的事。因为从根本上说，我们医生与"他们"——病人——是不同的。

在这种情况下,我最终出现情境性倦怠(situational burnout)并不令人意外。照顾他人令人厌倦。问许多医生关于倦怠的问题,他们可能会坦率地说:"你想听关于倦怠的哪个故事?"事实上,每三名医生中就有一名可能随时出现倦怠症状——下次你去看医生时请想想这一点吧!

多年来,我曾多次遇到过这种情况:人们只是精疲力竭、无法集中注意力或者被海啸般的工作淹没。再加上紧迫感过强的个性、"休息"时间不足以及额外的生活压力,包括某位至亲和终生挚友的离世。这就是产生情境性倦怠的"完美秘诀"。

学会理解自我更新很重要,花更多的时间做自我保健,这能使你抑制噪声,脱离繁忙的日常生活,重新认识自己的本质。为了重新发现并认识自己的目标,我问了自己四个简单的问题——在本章的后面,我还会提到并花时间反思和完善答案。

第一个问题:我擅长什么?

第二个问题:我喜欢做什么?

第三个问题:世界需要什么?

第四个问题:我的努力如何才能得到认可?

通过做这个练习,我证实了自己的观点:对我来说,服务就是生命的意义。在照顾好自己的同时,致力于利用自己的长处为他人服务,这才是我快乐和成就感的真正源泉。事实上,在我面对一切职业挑战时,我的目标感都会带给我希望。

目标的处方

如何过一种更有目标、更真实,以及忠于自我和内心深处价值观的生活?成功回答这个问题大有裨益,能让你找到自己"存在的理由"(ikigai),为自己的日常生活带来更多的意义。我来分享一下我迄今为止学到的关于真实性、意义和目标的一些理念。如何像圣地亚哥一样,重新发现什么才是对自己真正重要的,以及理由是什么。

发现自己的人生目标需要自我反思和当下的觉察(present-moment awareness)。提出正确的问题可以打开你内心中通往自我发现的大门,确认真正的目标对自己来说意味着什么。用著名精神病学家和存在主义哲学家维克多·弗兰克尔的话说,"每个人都受到生活的质问,而他回答的唯一方式是对自己的生活负责"。

日 记

静下心来思考下面的问题。我相信这些问题会让你触及最真实、最本真的自己,帮助你为自己的人生制订远大的目标,讲述不同凡响的故事。

〇你如何描述自己在生活中扮演的各种角色?
〇你想从生活中得到什么?
〇你真正想要什么?
〇你到底是怎么想的?你真正想要的是什么?(换句话说,对你来说最重要的是什么,而不是发生了什么!)
〇你该如何利用自己的时间?你的内心和思绪是否在告诉你,你应

活出生命力

该用不同的方式度过时光，做不一样的事情？
　　○你将成为什么样的人？
　　○你希望用什么象征自己的人生？
　　○你生活的价值来自何处？

正如我所说的那样，积极健康的习惯为"保持竞争力"提供了能量和活力。保持积极健康的习惯让你可以去追求自己的目标，或者让目标从你的日常生活中浮出水面。我们来看看你在生活的方方面面应该如何处理这个问题，以及你可以采取哪些方法。

心灵。从外部世界用"你拥有什么"来定义你（基于财产、文凭或生活地位），转向用"你存在的意义"来定义自己（由你的价值观和目标决定，这会带来真正的自由）。当下的觉察让事情自然而然地展开，符合你的本性和目标。觉察可以通过正念冥想和各种正念练习（包括正念存在、正念选择和正念成长）来培养。当你进入"存在"状态时，通过静止、沉默或简单地沉浸在大自然中一段时间，你就会对生活的目标和意义有更多的反思。

情感。培养感恩、现实的乐观主义、善良和积极的人际关系，你就可以建立盈余丰裕的积极"情感账户"，为实现目标奠定基础。反过来，人生目标又能在你的生活中激起积极的涟漪效应，培养你的好奇心和创造力。

身体。投入足够的时间和精力，为身体健康打好坚实的基础——包括恢复性睡眠、用心进食和有规律的运动。更好地觉察和更明智地选择会让你更接近自己的人生目标。

精神。"精神"一词来自拉丁语 spiritus（意为灵魂、勇气、气息）。精神健康能让你培养出感恩之心，对未来充满希望、振奋等积极情绪，让你获得韧性、内心的平和与宁静。你会变得更"以他人为中心"，同情和关心他人，同时目标更加清晰，感觉活得更有意义。

我把精神健康称为"灵魂连接"。它是你存在的本质，你的内在生活及其与外在生活的关系。这种与你的更强大力量的关系，是从主观上追求超出世俗之物，包括内心的平静、目标和祈愿等概念。精神构成了那些指导原则的支柱，这些指导原则支持和激励你在生活中前行，就像指南针一样为你的生活指明整体方向。精神健康是由你的价值观、信仰、道德、原则和信念定义的。当你想更深入地了解自己的精神健康时，可以回答以下问题：

○你是否抽出时间祈祷、冥想或思考生活中一些事情的意义？
○你有时间保持静默吗？
○你觉得原谅他人和自己容易吗？
○你有同情心吗？
○你的选择和决定是以自己的价值观为导向吗？
○你对他人的观点（很可能与你的观点不同）持宽容和体谅的态度吗？

如果你对其中任何一个问题的回答是"否"，那么你就可能有机会增进精神健康和幸福。或许这是一种极度个人化的体验，与信仰和价值观有关，它们在你的生活中为你提供了目标和意义。对你最有效的方法可能对他人不适用。自己尝试一下，看看什么最适合你。你可以用以下方法改善精神健康，其中既有全面的方法，也有容易实现的方法。

找到自己的团队。投资于你的人际关系，联系那些认同你的价值观以及让你感到被认可、被重视和被欣赏的人。情绪和思想会通过社交蔓延开来，因此你的人际关系会对你的人生观、行动和实现目标的能力产生重大影响。

珍视自己的价值观。践行自己的价值观，同时努力给世界带去更积极的变化。价值观是自由选择的，让你有免于被比较的自由，可以增强你的自我意识，尤其是自我接纳的意识。用你相信的标准要求自己，积极、生动地展示自己的价值观。行动胜于雄辩。

志愿服务他人。考虑志愿为自己相信的事业提供服务。付出更多的时间、才能和精力，为他人提供更多服务，建设一个更美好的世界，并根据自己的特长和兴趣做出贡献。你不要只看这样做对自己有什么好处，而是要主动去问如何才能更好地帮助他人。做出更多改变，成为改变本身。

目标的微时刻。写下一周中关于目标和意义的几个时刻。可能是非常小的事情，比如与朋友喝咖啡、聊天，看到美丽的日落。

目标的微环境。在自己的工作和家庭中创建一些视觉提醒，提醒那些对自己来说最重要的事情。将手机和电脑的壁纸设置为有意义的照片、图片或语录，定期提醒自己。

打造自己的生活。打造生活是一种专注于积极心理学原则（被称为"本原健康"，salutogenesis）的练习，有助于保持健康和活力。荷兰伊拉斯姆斯大学的席佩斯和齐格勒将"打造生活"正式定义为"一个过程，在这个过程中，人们积极反思自己现在和未来的生活，为重要的生活领域——社交、职业和闲暇时刻——设定目标,并在必要时制订具体计划并付诸实施,根据自己的价值观和愿望改变这些生活领域"。积极反思自己现在和未来的生活,在重要领域(包括职业、个人、业余爱好等)设立符合自己价值观的目标,公开展示自己的计划,做出积极的改变,在行动时与自己最珍视的东西保持一致。它包括写下以下问题的答案:

日　记

○你热衷于什么(你的兴趣)?

○你重视什么(对你来说什么最重要)?

○你生活中的哪些目标符合自己的价值观,而不是他人的期望?(设立目标,努力实现自决和自我激励,对你的健康和活力十分重要)

○你目前的活力标志是什么?你目前的活力标志与未来的活力标志之间在目标上有何差距?

○你实现这些目标的计划是什么?你将如何应对前进道路上不可避免的困难(或障碍)?

○你会如何描述未来最好的自己?当你为之努力的一切都实现时,你会有什么感觉?(打造生活的另一个重要因素是公开承诺要实现自己设定的目标,你会从"我想……"转变为"我将……")

写下自己的目标可以提高你对挫折的承受力,提高实现目标的可能性。这种举动满足了能力、自决和彼此联系等基本心理需求。因此,这样的做法能让你感觉自己拥有目标和意义。

你可能很难自然地回答"你的 ikigai 是什么"这个问题，很多人也是如此。不用担心，这里可以为你提供帮助。回答这四个问题会让你更容易找出答案，同时可能可以为你的 ikigai 提供一些线索。

第一，你喜欢做什么？ 换句话说，做什么能给你带来快乐和成就感？什么事情能让你全身心投入，感到精力充沛、生机勃勃？哪些活动会让你忘记时间？哪些事情即使没有回报，你也会继续做下去？什么时候你感觉最快乐？怎样多做自己喜欢的事？你是否愿意追随自己的内心，找到自己的方向，做自己喜欢的事情，并学会热爱自己做的事情？

第二，你擅长什么？ 你的长处、掌握的技能和天赋是什么？你的爱好是什么？人们为什么会向你寻求建议或支持？你的"独特卖点"是什么？

第三，世界需要什么？ 就"世界"而言，这既可以是影响整个世界的全球性问题，也可以是你所在社区或邻里之间的地方性问题。你如何才能做出更大的贡献？你在哪里能有所作为？你想帮助他人应对哪些挑战？你该如何更好地帮助他人？

第四，你该如何体现自己的价值？ 也许是你的工作或事业，标准是你能获得的报酬，也许仅仅是志愿服务带来的成就感。如果你不从事目前的工作，你会做什么？从长远来看，你能否以此为生？如果可以，你在害怕什么而没有行动？换句话说，是什么阻碍你开始行动？

下一页图中的四个圆圈可能是更加西方化的 ikigai。纯粹日语版本的 ikigai 是简单地做自己喜欢的事情，与禅宗的"简单存在"原则是一致的。用心感受自我的存在，在日常小事中发现快乐，在生活体验中找到心流状态。从这个版本中，你可以看到：

○你所热爱的和擅长的事情之间的交汇点就是你的"激情"。
○你所热爱的和世界所需要的之间的交汇点就是你的"使命"。
○你所擅长的和你能得到的之间的交汇点就是你的"职业"。
○世界所需要的和你能得到的之间的交汇点就是你的"天职"。

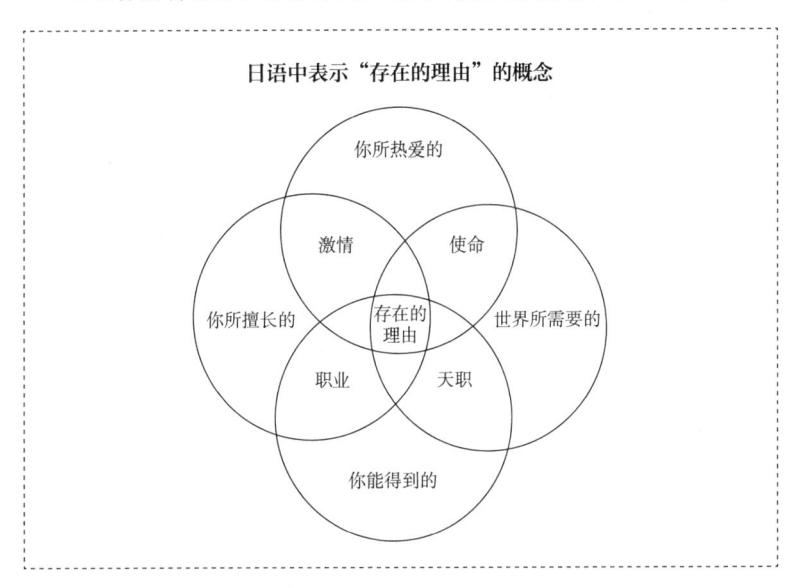

日语中表示"存在的理由"的概念

（图：你所热爱的、你所擅长的、世界所需要的、你能得到的四个圆交汇，中心为"存在的理由"，四个两两交汇区域分别为"激情""使命""职业""天职"）

存在的理由

"目标"这个词常常被误解为某种名声在外的事业或拯救世界的特殊使命。你真正的目标是明白自己不需要改变世界，因为很有可能你改变不了。但只要有勇气和信念，你就可以选择改变自己。目标是探索自我本质的结果。作为一项内在的功课，目标源自你的价值观、优势以及能让你心生欢喜的事物。你的目标始终存在，等待你重新去发现它。

最重要的是，你要在生活中树立目标。你的目标基于你的过去、经历、价值观、天赋和能力。你从自己的家庭、所在社区、关心的人和事业中建立它。这些都是目标的来源。只有你能以一种真实的方式——你的生活——将它们重新组合在一起。

两千多年前，印度伟大的导师帕坦伽利用诗一般的语言阐述了追求目标和灵感的真正意义：

当你被某个伟大的目标、非凡的事业激励时，你思维上的所有束缚都会被打破；你的思想会超越局限，你的意识朝各个方向扩展，你会发现自己置身于一个崭新、伟大而奇妙的世界。你沉睡的力量、能力和天赋被唤醒，你会发现自己远比自己曾梦想的更伟大。

日复一日，你可以调整自己的心态和视角，从"今天你能从生活中得到什么"转变为"今天你能为生活做出什么贡献"。这样，目标的本质——你的 ikigai——就会成为生命力的催化剂。

冥想：内在的钥匙

你不应该追逐过去，也不应该对未来寄予期望。过去的已经过去，未来尚未到来。无论当下处于怎样的状态，你都能清楚地看到，就在此时此地。

——佛陀

作为一种精神实践，从印度梵文哲学、基督教到佛教的有组织宗教中都可以看到冥想的身影。近代以来，冥想被"重新发现"，成为体验更多正念生活的重要工具。对我来说，冥想提供的最大机会也许是：在日常体验中，存在感和专注意识越来越占据重要位置。

许多饱受压力毒害的人都能从冥想等正念练习中受益。虽然我经常推荐这种方法，但也会遭到反对。很多人认为冥想不适合他们，他们不是"那种类型的人"。有些人说自己太忙了，不想在"待办事项"清单上再增加哪怕一项内容。有些人停止冥想是因为他们没有体验到任何"嗡嗡声"或立竿见影的积极变化。还有一些人则表示，他们无法阻止自己焦虑消极的念头"跑马灯"一样飞驰而过。

你是否具备以下任意一种或几种情况？

○ 我感到有压力。

○ 我感到焦虑。

○ 我的自我意识减弱了。

○ 我感到悲观。

○ 我觉得自己陷入了困境。

○ 我发现很难集中精力。

○ 我的精力和活力不足。

○ 我感到自己没有热情，没有灵感。

○ 我感觉沉闷。

○ 人际关系是我的压力的来源。

○ 我经常忧心忡忡。

○ 我很容易分心。

活出生命力

〇我不善于处理冲突。
〇我的大脑总是在飞速运转。

如果是这样，那么你并不孤单——情况几乎恰恰相反。正如我前面提到的，你"跑马灯"似的焦虑、消极的想法，会释放出内心的批判者，对你的健康造成严重破坏。虽然你每天都有很多想法，但这些并不是你真正想关注的想法。打个比方，你想想自己的手机。当你的手机接收短信（想法）时，它接收到的远不止任何一条或全部短信。虽然你每天可能会有多达6000个想法（其中大部分是负面的），但只有那些你所关注的想法，会对你存在的意义和你将成为什么样的人产生重大影响。你的执念可能会引发令你心累的信念、感受和行为。你挥之不去的想法会给你讲故事，讲述你的生活和世界如何运作，但这些故事根本不是真实的。这会让你的心态变得匮乏和平庸，让你以僵化的思维模式看待事物。简言之，在恐惧和匮乏的驱使下，你会生活在桀骜不驯的自我魔掌中，这就是我所说的慢性匮乏感（chronic not-enoughness）。

如今，在一个不断竞争和比较的世界里，关于危机和冲突的新闻此起彼伏、永无休止，人们从未像现在这样容易焦虑和分心。再加上上瘾、焦虑和孤独的骚动，也就不难理解为什么海啸般的有害压力和倦怠感会严重损害世界各地人们的健康和活力。医疗保健行业也不例外。保健工作可能会让人疲惫不堪，而且经常如此。所有这些因素都为冥想提供了无可辩驳的理由。冥想可以重新平衡你内心的思想、情感与外在的生活体验。冥想可以让你放慢脚步，按下暂停键，更深入地觉察自己的自然存在状态。

有些人在承受压力时开始冥想，但压力减弱后就停止了——他们认为冥想更多的是一种短期的解决办法，而不是一种长期的生活方式。这是完全可以理解的，但也是不幸的，因为冥想的作用远不止给糟糕的一天"贴上创可贴"。显而易见，冥想可以在许多方面提高你的健康水平，帮助你成功地更上一层楼，无论你如何定义成功：你拥有非凡的恢复力、人际关系、技能、成就和自我领导力，还是仅仅让自己更平静地活在当下。

诚然，冥想需要时间，每天只需投入 5~10 分钟。此外，这意味着你要在生活中按下暂停键，探索内心的静谧之地。从传统意义上讲，冥想在西方被认为是一种信则灵，不信则不灵（更常见）的事情。事实上，我自己也曾认为，冥想是生活在世界另一端的人做的事。他们可能是隐居的僧侣，整天无所事事地坐着冥想，与我这个忙碌的家庭医生的生活和工作有几光年的距离。一些关于长期冥想者（每人超过 10000 小时）的研究用功能性磁共振成像扫描记录了参与者的大脑变化。只不过当我读到这些研究时，我的反应——和许多人一样，不无道理——是"当然，我没有 10000 小时闲暇时间"。没有多少人有，因为 10000 小时相当于每天近两个半小时，每天坚持，一直持续 10 年！最近有研究表明，只要冥想练习累计 11 个小时（不是一次完成！），就能使大脑发生变化，包括平息压力中心（杏仁核）和提高自我意识。[1]这样算下来，每天 10 分钟左右，持续 3 个月，考虑到潜在的好处，现在我有足够的意

1　Y. 邓、Q. 鲁和 M. 波斯纳等（2010）.《短期冥想引起前扣带皮层白质变化》,《美国国家科学院院刊》.

愿采取行动。

那是几年前的事了。养成冥想习惯，就像养成任何新习惯一样，需要时间。不过这没关系，做成任何有价值的事情都不是一蹴而就的。关键在于坚持不懈，永不止步。

冥想的科学

虽然我们尚不清楚冥想"工作"的确切机制，但对人脑机制的研究十分活跃。迄今为止，在引人入胜的神经科学领域出现了一个重要观点，就是所谓的"赫布理论"（Hebbian principle）。这意味着，随着时间的推移，大脑可以像肌肉一样得到伸张、强化和发展。

你的大脑的神经连接并非固定不变的，而是根据你每天的生活经历形成的活性连接。这是通过一个被称为神经可塑性的过程实现的。凭借神经可塑性，大脑在人的一生中（而不仅仅是在幼年或青少年时期）都会变化和发展。同时被激活的脑细胞会连接在一起。

美国威斯康星大学的理查德·戴维森是最早提出冥想可以改变大脑结构的科学家之一。正如我之前提到的，对僧侣进行的功能性磁共振成像扫描发现，这些经验丰富的冥想者（通过慈爱来培养同情心）的 γ 波活动大幅度增加。这尤其体现在左前额叶皮质，该大脑区域负责热情、幸福和快乐等积极情绪（右前额叶皮质则与悲伤、焦虑等消极情绪相关）。换句话说，冥想可以影响大脑的结构，使其更容易接受积极的情绪，因为大脑中的快乐中心会变得更大。

可以看到，冥想时大脑发出的脑电波的类型发生了变化，原本占据

主导地位的 β 波被更加活跃的 α 波取代，前者与"跑马灯"似的忙碌有关，后者更多与深度放松有关。

脑电波的频率与不同的精神状态有关。

○ δ 波：在深度睡眠时出现。0.1~4 赫兹。

○ θ 波：在恍惚状态以及入睡和醒来前的潜意识状态中出现。4~8 赫兹。

○ α 波：在放松但保持警觉的意识状态下出现，闭眼时最常见。8~13 赫兹。

○ β 波：当你睁开眼睛，做出决定并与周围的世界互动时，大部分脑电波都是 β 波。β 波可能与"跑马灯"似的紧张的警醒有关。13~30 赫兹。

○ γ 波：似乎表明大脑组织各大区域之间存在相互联系。它们将独立的数据要素转化为单一的体验。它们可能与在深度冥想状态中所经历的自我意识的消退以及相互关联感等现象有关。更高层次的心理活动，包括自我反思、感知事物、提出新见解和处理信息，都需要它们。30 赫兹以上。

在海马体（与学习和记忆有关）以及与意识、认知定向（cognitive focus）、同情心和反思有关的大脑区域中，冥想通过神经可塑性对大脑的改变格外明显。

美国马萨诸塞州总医院和哈佛大学医学院的研究表明，在负责自我意识、压力调节、记忆、移情和学习的大脑区域，冥想能提高大脑灰质的密度。[1]在冥想过程中，大脑的多个区域往往会变得更加活跃。一项针对21项研究的荟萃分析检查了300名长期冥想者的大脑，结果发现，冥想持续改变了大脑，大脑皮质的厚度、密度和表面积，以及白质的密度发生了变化，特定区域的脑细胞（神经元）数量也有所增加。

虽然对冥想具体潜在好处的研究还没有定论，但冥想似乎可以同时影响大脑中许多不同的区域，随着时间的推移会不断积累复利。马克斯·普朗克科学促进学会在《科学进展》杂志上发表的一项引人入胜的研究也表明，不同类型的冥想会对大脑产生不同的影响。在这项针对20~50岁人群的研究中，每位参与者接受了三种不同类型的冥想训练，为期三个月。研究开始时对他们进行了脑部扫描，之后每隔三个月再次进行扫描。结果显示，不同的冥想技巧能够引发大脑发生细微的变化。

在第一种名为"存在"的训练中，冥想的内容集中于专注的意识，关注呼吸和身体内部的感觉。这种关于"存在"的冥想令大脑扫描出现变化，前扣带回（anterior cingulate gyrus）、前额叶皮质以及与注意力密切相关的大脑区域增厚。第二种训练名为"情感"，这是一种关于慈爱（也称为"慈"）的冥想训练，旨在增强同理心和同情心。正如预测的那样，这导致大脑中处理社会情感（如移情）的区域增厚。第三种训练名为"视角"，这种训练与正念冥想非常相似。它侧重于不带评判和开放地审查自己的想法，同时更好地理解他人的观点。与此对应，增厚的大脑区域与减少自以为是、更加善解人意有关。

---

[1] S.W.拉扎尔、C.E.克尔和R.H.沃瑟曼等（2005）。《冥想体验与大脑皮层厚度增加相关》，《神经报告》，16（17），1893—1897。

冥想的好处

冥想旨在建立自我意识，同时加强情绪和注意力的自我调控能力——这些都是自我的关键力量。冥想的好处似乎是通过累积获得的，就像复利一样。很简单，你进行冥想越多，效果就越好。难怪越来越多的人认为冥想练习是培养出色领导力的关键。

据报道，正念冥想的最大好处之一就是可以缓解压力。虽然大脑可以应对适度的压力，但经常性或长时间的压力（没有获得足够的恢复）会对大脑造成损伤。处理自我调节和关于恐惧的记忆的区域似乎最容易受到影响，包括杏仁核、前额叶皮质和海马体。反复承受压力似乎会增加杏仁核的体积，缩小前额叶皮质的体积。好消息是，长期承受压力造成的这些变化被认为是可逆转的，正念冥想练习对此有积极的影响。正念冥想被认为可以通过两种方式缓解压力。首先，正念冥想能增加迷走神经的张力，强化副交感神经系统，从而减少交感神经（"战斗或逃跑"）反应。其次，正念冥想促使前额叶皮质和海马体发生神经可塑性变化，使杏仁核的体积缩小，从而增强自我调节和自我控制能力。总之，正念冥想可以成为一条通往更健康、更有韧性的心灵的非凡之路，从而帮助你增强整体活力。

冥想是实现自我认知的绝佳途径，它能让你的大脑摆脱"跑马灯式想法"的干扰，切断与"认知"中确定性、评判、标签或比较的联系，让你脱离思想本身，只是简单地去做。想象一下，你向平静的池塘中扔进一颗鹅卵石后，池塘中会泛起怎样的涟漪。这就像你的觉察力增强后如何从静止的事物中发现哪怕最微小的涟漪。如果个通过冥想让自己的心灵安静下来，潮水就可能会冲垮你的心灵，而你可能连眼睛都不会眨一下，甚至注意不到任何事情。在遵循完美主义的社会中，冥想培养了你的一种愿意接受不确定性、对一切事物开放、与"无物"同在的心态，让你像孩子一样更自由地看待事物，或者保持禅宗大师所说的"初心"。你的注意力和意识落在何处十分重要。虽然你可以关注许多不同的事物，但是，当你关注的对象是关注本身时，随之而来的宁静就会让你打开通往内在自我的大门。这是一个探索自我意识的机会，类似于问"我存在的意义是什么？"。随着你越发深入地冥想，摆脱"跑马灯式想法"，情绪、记忆和个性会不断消散。最终，剩下的只是空空如也的空间，不断膨胀，毫不费力，无边无际。当你失去时间感时，你就会在寂静中休息。这是一个美丽、安宁的地方，没有噪声，没有自我，没有记忆、思想或时间，除了你，什么都没有。

利用神经可塑性，正念冥想可以改变与注意力控制、情绪调节有关的大脑区域，帮助构建更具恢复力的大脑。就注意力控制而言，练习正念冥想后，对此举足轻重的大脑区域会出现结构和功能上的变化，前额叶皮质的认知控制能力会增强，而杏仁核的活动会减少。正念冥想还能提高你的情绪调节水平，这包括情绪出现（在什么情况下、持续多久）、体验和表达的方式。总体而言，负面情绪出现的强度和频率往往会降低，而积极的情绪状态会得到延续。

冥想能增强你的意志力，让你顺理成章地建立和保持新习惯、改掉旧习惯，树立符合自己价值观的目标并为之努力。冥想能让你培养勇气、毅力和韧性。你会更愿意接受事物的本来面目并负起责任，不再臆想它们应该、可能或必须是什么样子。

成功是一个很难被定义的词。从传统意义上讲，它与外在的衡量标准——成就、造诣、专长以及相关目标联系在一起，例如，"如果我有了更好的工作、汽车或房子……我就成功了"。我喜欢用不同的方式定义成功，将成功视为一种由内而外的工作，可以随时开始。内心的满足是真正成功的起点，充分意识到此时此刻的价值，"我已经满足，我已经拥有太多"。俗话说，知足者常乐。顺便说一句，许多世界一流公司的首席执行官现在都在进行冥想练习，这是他们自我保健计划的组成部分。此外，如果你能遵循以下某一种或所有标准来定义成功，那么冥想可以提高你的人生成功率。

培养同情心。关于慈爱的冥想被认为能增强同情心，具体方式是在面对苦难时让杏仁核趋于平静，同时激活产生爱和积极情感的大脑回路。因此，关于慈爱的冥想能让你行动起来，以减轻他人的痛苦。作为一种正念练习，它似乎能激活大脑中涉及移情和情绪调节的部分（左前岛叶或额下回）。关于慈爱的冥想连通了你的迷走神经，释放了催产素，增强了你的同情心，让你与他人建立联系。

思维的活力。众所周知，大脑是一个非常耗能的器官，尽管它只占人体体积的2%，却至少消耗了人体20%的能量。通过冥想实现正念，可以尽量减缓流经大脑的血液的流速（当你感到有压力或分心时就会出现这种情况），从而让你更高效地利用大脑的能量。为期八周的正念减压疗法（MBSR）已被证明可以减轻抑郁和焦虑症状，增加幸福感。正念冥想能培养自我意识，对你来说，自我从一个静态的概念转变为不断流动变化的体验感和存在感。这将带给你更积极的自我形象、更多的自信和自尊。冥想有助于增强你的自我意识，因为你会更多地觉察、调整和关注自己的思想、情绪以及与他人的互动。当你拨开"脑雾"、思路更加清晰时，你会变得更加自信，更乐于接受新想法和创造性观点。因此，你的创造力和创新意识也会增强。随着你熟练掌控专注意识，你就不那么容易分心了，无论影响专注的东西来自外部环境还是来自你内心的"跑马灯式想法"。再者，你的被动反应更少，主动反应能力更强，对经历和形势的反思更加深入。

身体活力。西方国家尤其重视身体健康和活力的好处。相比之下，冥想在东方国家被视为通往智慧、更高意识状态和觉悟的途径。在身体方面，冥想可以强化免疫系统，使你更好地对抗感染。冥想可以减轻慢性疼痛，延缓生物衰老。在生理上，冥想者的端粒酶分泌水平往往会有所提高，这种酶可以延缓生物衰老，促进细胞再生，提高端粒功能，延长寿命。至于这些作用是完全来自冥想还是有其他因素参与，目前尚无定论。

心脏健康。对大脑有益的东西往往也对心脏有益！养成定期冥想的习惯可能对降低心脏病风险大有裨益。根据《美国心脏协会杂志》的报道，在回顾过去二十年发表的大量研究后发现，冥想可以改善许多影响心脏病发病的因素，包括帮助降低血压，从而有助于心脏健康。美国心脏协会在《高血压》杂志上发表的一份科学声明（该声明汇总了9项独立研究的数据）发现，冥想对血压具有可测量的有限影响。研究还发现，冥想平均可使收缩压（血压读数中的最高数字）降低4.7毫米汞柱，舒张压（血压读数中的最低数字）降低3.2毫米汞柱。

心率变异性是衡量心脏健康的一个指标，它反映了在心脏每次跳动的时间间隔内发生微小变化的速度（正常情况下，吸气时心率会略微加快，呼气时心率会略微减慢。这两个心率之间的差异就是心率变异性)。较高的心率变异性是心脏更健康的标志,较低的心率变异性则意味着即使没有患心血管疾病,患心脏病或中风的风险也会增加。定期冥想(也许只需每天冥想 5 分钟,持续 10 天)可以提高心率变异性。

情感活力。冥想能让你的情绪反应更加灵活,拥有更强烈的同理心和同情心,同时让你在情感方面更加满足。它能让你更主动地建立"情感账户",为内心的快乐和幸福开路。它能增强你与情绪共存的能力,而不是与情绪对抗。准确陈述和控制情绪,拥抱和消除情绪,这样你就能与情绪共处,而不是与情绪对抗。清除大脑中有害的破坏性情绪后,你会变得更加平静和自在,因为你能从自己内心的静谧和安宁中获得满足。

精神活力。等持是一个梵语术语,指一种高度集中的冥想状态。通过冥想练习,你会体验到更高的意识统一性以及与宇宙合一的感觉。冥想能让你更全面地接触真正的自己,培养一种自然的静止状态、安宁的存在感和内心的平和。随着你视角的改变,冥想能让你回归自己的价值观和目标,在意识、内在"认知"和直觉智慧(intuitive wisdom)方面获得成长。

联系。冥想维系了平衡,巩固了情感、身体、思想和精神之间的联系。它强化了你与他人的关系,使你获得内心的满足感和幸福感。此外,冥想作为一种催化剂,可以催生稳固的人际关系,利用正念提高人际关系的质量。

实践出真知

家庭医生的特权之一就是,他可以成为人类经验的敏锐观察者。不仅是他们说了什么,还有他们说这些话时的状态。这让我想起了斯蒂

活出生命力

芬，他可能是我见过的最有禅意的爱尔兰人。作为一个散发着内在平静和存在感的人，当我得知斯蒂芬多年来一直在定期冥想时，我并不感到惊讶。在他以前的金融服务业生涯中，他曾"戴上了金手铐"——斯蒂芬这样描述他作为一名企业金融家如何被永无止境的无情折磨所困。有一天，他从一架跨大西洋的航班上下来，发现收件箱里有两百多封电子邮件，这成为他职业生涯的转折点。一次偶然的机会，他结识了一位精神修道士，参加了一次冥想静修，于是，就像他说的，后来的事就尽人皆知了。"我最初被冥想所吸引，认为它能减轻我的压力，事实也确实如此。后来，我一直坚持冥想，因为它经常带给我片刻的心灵宁静，令我持久受益。"他描述了那种感觉：只要全身心地投入到当前的意识中，就能体验到内心的平静和安宁。他说，生活中的小麻烦不再困扰他，而且他感觉对自己生活的掌控大大加强了。

多年后的今天，作为一名冥想老师，斯蒂芬与他人分享了自己的经验和见解，定期举办恢复性静修活动，同时继续深化自己的理念："发现初学者的心灵，向一切开放，同时不执着于任何事物。"

冥想的处方

选择一个没有干扰的安静空间。如果你一定要将手机放在身边，请将其调至静音状态。用一种让自己舒服的姿势。我个人偏好在椅子上放松地静坐，双腿不交叉，双脚平放在地面上。我的经验告诉我，躺着可能会让自己睡着！良好的支撑姿势很重要，因为它能让你呼吸时更加自由顺畅。

双手放在大腿上,掌心朝上。闭上眼睛,将舌头放在两颗门牙后面的上颚上。从上到下审视自己的身体,排除所有紧张情绪。以骨盆为基础挺直脊椎。下巴微微回收,伸长后颈部,将所有注意力都集中在呼吸上,一遍又一遍缓慢而稳定地呼吸。当你通过鼻子吸气时,流动的空气依次通过鼻孔、喉咙、支气管,最后到达肺的底部,然后在你再次通过鼻子呼气时反向流动。

呼吸是人体不可或缺的节奏,与血压、心率、情绪和应激反应息息相关。呼吸中枢靠近大脑的压力中枢,当你通过注意力和意识放慢呼吸时,你就会减轻压力,变得平静和放松。学会通过注意力引导呼吸,把注意力聚焦在呼吸上。保持耐心。不要评判自己的努力,也不要期望某种结果。让努力本身成为参与冥想练习的回报。

保持大脑清醒,摆脱焦虑等"跑马灯式"的消极情绪,这需要大量的练习和努力。有人可能会说,这需要一辈子的时间!事实上,你的思绪不可避免地会飘向外面的世界,烦恼过去或者忧虑未来。这完全没关系,即使是最有经验的冥想者也会出现这种情况。只要在思绪飘离(很有可能发生)时将意识拉回到呼吸上即可。关键是要接受这种情况,不要评判自己的判断,然后重新开始。投入冥想之旅,可以随时重新开始。

冥想主要有两种类型。第一种是传统的正念冥想,通过不加判断地关注当下的体验来清理"跑马灯式想法"。第二种是受人推崇的关于慈爱的冥想,它强调从内心向外辐射慈悲和爱,这可以成为敌意、愤怒或其他有害情绪的强大"解药"。

除此之外,其他流行的冥想方法还包括以下几种。

曼陀罗冥想（mantra meditation）。这与上面的正念呼吸冥想类似，只不过你在吸气和呼气时会把注意力集中在特定的曼陀罗词语上。经常这样使用曼陀罗词语"So Hum"：利用声音振动的效果，与其本身的任何特定含义无关。许多人描述，进行曼陀罗冥想时，会有更深刻、更有意义的体验。每次吸气时使用"So"，呼气时使用"Hum"即可。在呼吸时慢慢地、安静地思考这个词。另一种方法是只想着"So Hum"，然后让它消失，再继续缓慢而稳定地呼吸。当你的脑海中出现这个曼陀罗词语时，就有规律地重复它。

调息。这是传统的瑜伽中一种专注于呼吸的古老呼吸方法。调息时你通过左右鼻孔交替呼吸。做起来比听起来容易得多！坐直，将左手放在鼻子上，拇指放在左鼻孔上，中指和无名指抵住右鼻孔。轻轻闭上右鼻孔，用左鼻孔吸气。然后用左鼻孔呼气，动动拇指捏住左鼻孔，两根手指松开右鼻孔。现在用右鼻孔吸气和呼气，重复这一过程。每回用左鼻孔或右鼻孔呼吸两次。以这种方式自然而稳定地呼吸 5 分钟，然后再用平时的呼吸方式引导自己冥想。虽然比起简单的冥想，调息法需要付出更多的努力，但养成调息法习惯的人往往会有更深的冥想体验。自己试试看吧。

非正式冥想。你可以定期进行许多非正式的冥想。花时间安静地与大自然交流，看着太阳升起，聆听鸟鸣或溪水流淌的声音。

瑜伽源于梵文词根 yuj，意为"合一"，它能促进身心与精神的合一。瑜伽能让你平衡身心、思想和精神。太极拳或普拉提健身法等其他正念身体运动也强调精神集中、有意识地缓慢动作和专注地呼吸。这些都是非正式的冥想，还有其他各种稳定、重复的有节奏运动，例如游泳或者单纯在大自然中漫步。

无论你选择哪种方法,无论是闭目静坐、专注地呼吸,还是仅仅让自己沉浸在大自然的静谧中,正念冥想练习都会照亮你的内在自我意识,可能会带来许多好处。对于冥想的最佳时间和频率,目前还没有共识或定论。我相信,有总比没有好,多总比少好。引用圣弗朗西斯·德塞尔斯的话说:"我每天冥想半小时,要是我很忙,我就会冥想整整一个小时。"最终,你将决定什么最适合自己。

绿色活力:复兴自然

大自然的特质对健康的影响不仅体现在精神和情感上,还体现在身体和神经上。我毫不怀疑,它们深深影响了大脑的生理变化,甚至改变了大脑的结构。

——奥利弗·萨克斯

又到了考验你想象力的时候了。这一次,想象一种处方,你可以无限期地重复使用,恢复自己的身心健康,补充自己的情感能量,提升自己的整体活力。这种处方没有已知的副作用,而且完全免费。它是从"活动"到"存在"的通道,让你感到焕然一新、精力充沛、轻松自在、内心平静。听觉、视觉、嗅觉和味觉让你的压力烟消云散,与宇宙建立更重大的联系。对我来说,大自然就是这样的地方,尤其是在树丛中。置身于大自然,你会感到无比舒适,恢复青春活力。鸟儿歌唱的声音、透过树叶看到的斑斑点点的阳光、各种气味和芳香、各种感官的融合。欢迎了解"绿色运动处方"这一概念——在大自然中度过户外的时光，促进健康和活力。

多年来，我一直有一种直觉，那就是置身大自然有益于健康，这不仅来自我自己的经验，也来自许多其他人的经验。在大自然中度过时光可以让自己简单地恢复和放松，是一天繁忙工作后减压的绝佳方式。此外，我发现自己住处附近美丽的康格里夫山花园是我的"创意实验室"，它能让我的大脑清醒，心态平和镇静。我的许多患者也从中受益，这促使我在2017年与康格里夫山花园合作，开始将"在大自然中漫步"作为一种治疗工具。

2019年，英国埃克塞特大学发表在《科学报告》杂志上的一项涉及2万多人的重要研究成果指出，每周至少在大自然中度过120分钟的人（无论是一次性度过还是一周内累计度过），比起那些完全不亲近大自然或者每周亲近自然的总时间少于120分钟的人，身体和心灵可能会更健康。120分钟这个时间阈值适用于所有年龄段、不同背景和社会地位的人。无论居住地距离绿地有多近，也无论多久去一次绿地，一周中总计120分钟的接触时间都能带来明显的好处。花更长的时间可能会带来额外的好处，但这还需要通过进一步的研究来确定。我的直觉有了科学依据，引领我踏上探索之旅，更深入地挖掘和研究大自然对提升健康活力的作用。

绿色活力（viriditas）是一个术语，指从大自然中散发出的增强生命力的力量，最早描述它的是12世纪的哲学家、修女、诗人和博学之士——宾根的希尔德加德。绿色活力源自拉丁语中的绿色（viridis）和真理（veritas），象征着创造的广度和美妙，从人类精神的活力到大自然的治愈功效。这不仅指植物结出果实和散发芬芳的潜力，还指人类成长和繁荣的潜力。与此相反，它的反面被描述为"干旱"——在你的生活中缺乏"绿色活力"，就会使身体和精神的活力萎缩甚至干涸。爱护你所在的自然环境，可以增强你的自主感，让你与周围世界建立联系。这有助于增强你的自我保健意识——包括对你周围环境和所生活世界的关爱。绿色活力以自然和绿色为中心，强调个体活力与地球活力之间的相互联系。人是宇宙宏观世界中的微观世界。这有力地提醒我们，在日常生活中培养绿色活力，就能使身心和灵魂更有活力。

"亲生命性"（biophilia）是一个科学术语，指的是与大自然建立联系的生理需求。该词源于希腊语，意为"热爱生命和自然界"。这一概念由美国生物学家爱德华·奥斯本·威尔逊倡导，他说："我们的存在有赖于这种习性，我们的精神由它编织而成，我们的希望在它的潮流中升起。虽然还没有确定具体是哪些基因，但人们越来越意识到自己所处的环境会影响自己的表观基因组。人类亲近大自然的天性解释了许多居家者对自然或海洋景观的向往。在大自然中度过时光是你与生俱来的生理习性，它能从最宏观意义上增进你身心、情感和精神的健康。大自然可以弥合你的"活动"与"存在"之间的差距，是你生机和绿色活力的关键动力。

你是否经常待在室内？还是经常花时间沉浸在大自然中？如果你的生活习惯与常人无异，那么你至少有90%的时间是在室内度过的，其中大部分"室内痴迷"（indoor-itis）是花在了数字设备上——平均每天超过8小时。我将其称为"自然缺失症"，在这种情况下，你无法像在大自然中度过时光那样得到恢复，这不仅涉及你的感觉，还涉及如何从压力中恢复以及长期的表观遗传表达。

自然的科学

当艾萨克·牛顿思考"有起终有落"的万有引力概念时，他的灵光一现据说发生在他坐在树下，有一个苹果砸在他头上的时候。这绝非巧合，当时他正置身于大自然中，下意识地沉浸在自然环境带来的清晰思维和活跃创造力中。在大自然中进行户外活动可以让你的前额叶皮质暂时"拔掉插头"。前额叶皮质是大脑中与逻辑、理性有关的部分，负责管理执行计划、准备、决策以及自我约束和社会表达。这种"大脑休息"可以改变你的思维特质，减轻你的压力，同时提高你的创造力。

杏仁核是一组杏仁状的神经元，主要负责处理恐惧和焦虑等情绪。在大自然中度过时光，能让你的杏仁核安静下来，让你从"战斗或逃跑""永远在线""高度紧张"的（β波）忙碌状态中解脱出来，转而进入"暂停制订计划""镇静"的（α波）放松状态。α波通过释放血清素来提升你的情绪。另外，由于能够降低压力激素和调动感情的免疫球蛋白A的分泌水平，在大自然中度过时光就成了减少你胡思乱想和焦虑感的绝佳方式。在大自然中度过时光，能让你在面对压力时更有韧性，同时有助于内心恢复平静。

"柏林老龄化研究"涉及数百名61~82岁的人，该研究表明，居住在靠近森林的地区与以下因素有关联：使杏仁核的机能更加正常、有效，应对压力的能力更强。虽然这种联系并不能被证明是因果关系，但越来越多的证据表明，花时间到大自然中，特别是林区，对你的健康有益。

斯坦福大学的一项研究在参与者散步90分钟前后扫描了他们的大脑，结果发现与在城市街道上散步相比，在大自然中散步会降低大脑中的膝下前额叶皮质（subgenual prefrontal cortex）——这是与抑郁性反刍（depressive rumination）思维有关的区域——的活动水平。[1]根据参与者自己的主观反馈，在大自然中漫步后，他们对自我的批评也会减少。当你让内心的批评者——在你脑海中重现各种负面情景的负面声音——安静下来时，你就会对自己更友善。

在韩国，参与者观看了计算机生成的自然或城市区域图像，研究人员利用功能性磁共振成像扫描他们的大脑活动并进行分析。在观看城市图像的人的大脑中，杏仁核的血流量增加，这意味着他们的压力和焦虑水平较高。[2]另外，在观看自然场景的人的大脑中，刺激移情和利他主义的区域——前扣带回皮质和岛叶——的血流量增加。

丹麦最近的一项研究发现，接触大自然可以改善长期的心理健康。[3]无论富裕程度、社会地位或家庭背景如何，从绿化最少的地区到绿化最多的地区，精神健康方面的发病率相差55%。

有意注意(voluntary attention)是指有意识地利用注意力来应对外界繁

---

1 G.N. 布拉特曼等（2015）。《自然减少抑郁性反刍和大脑中的膝下前额叶皮质活跃水平》，《美国国家科学院院刊》，112（28），8567—8572。
2 G.W. 金等（2010）。《人脑中与自然和城市景观相关的功能神经解剖：3.0T功能磁共振成像研究》，《韩国放射学杂志》，11（5），507—513。
3 K. 恩格曼等（2019）。《童年时期的住宅绿地可以降低从青春期到成年期患精神疾病的风险》，《美国国家科学院院刊》，116（11），5188—5193。

忙的事务，例如驾驶汽车、应对交通信号灯变化等。由于大脑长时间工作后你会感到疲劳，特别是在注意力分散的情况下，这会很快让你精力不济，注意力迅速下降。有一种观点被称为"注意力恢复理论"，我们从中发现，即使短暂地接触大自然也能让我们的大脑复原，使大脑恢复对注意力的固有管控。这可以培养我们的专注力，在解决具有挑战性的问题时能坚持更长时间。另外，不随意注意（involuntary attention）也被称为"软迷恋"（soft fascination），它完全不需要大脑努力，只是自然而然地发生。当你体验大自然的景象、声音等时，不随意注意会温柔地让你恢复清醒，让你的大脑重新变得敏锐，促使你进一步深思，让你的心绪自由徜徉。

早在1859年，弗洛伦斯·南丁格尔在《护理札记》中就提到了新鲜空气和自然光线这些"被遗忘的抗生素"："我们对形状、颜色和光线影响我们的方式知之甚少，但我们确实知道，它们对身体有实际的影响。"

在大自然中进行户外活动可以提升你的满足感、感恩和欣赏之类的积极情绪。在神经化学层面，在大自然中度过时光可以提高大脑中积极激素的分泌水平，包括血清素、催产素和多巴胺——这些都是我之前提到的"华丽七重奏"中的元素——从而让你产生平静、积极的感觉。这些积极情绪反过来又会"扩张和积聚"。换句话说，它们会扩张（拓宽）你的注意力范围，增加（积聚）你随时都能关注的素材数量。这对创造性地解决问题以及保持广阔的视角以应对复杂想法、问题等挑战大有裨益。由于积极情绪也有助于你建立社会关系，这可以进一步加强你与他人的协作，让彼此提供帮助、交流想法。这样做的最终效果是，在大自然中度过更多时间,你会感觉更有创造力、更自信,与周围世界的联系更紧密。

自然的好处

心理学家发现,大自然、开放性和创造力之间存在有趣的关联。[1]置身大自然中,你可以敞开心扉去体验,这反过来又会培养你的创造力,并带给你快乐。不仅是绿地,阴阳相生意味着,清理你所处的外部环境有助于减轻你内心的压力。培育、建造和维护你家中花园的物理空间,有助于你清理自己内心的空间。大自然的创造力会滋养你的创造力,就像大自然的本质会滋养你的本质一样。播种会带来新的生长,不仅是植物,还有新的想法、希望和可能性。在大自然中度过时光可以带来一种心流状态,使你能够思考、感受,无限地接近自己创造力的巅峰。

敬畏有时被称为"第六感",是一种令人着迷的情感,对整体健康和活力有巨大的好处。敬畏能让你跳出自我。在大自然中度过时光可以激发你对大自然的敬畏、赞叹以及超然的心态,让你感到自己是比自己更伟大的事物的一部分。此外(在积极情绪中可能是独一无二的),敬畏感可以降低激起强烈情感的白细胞介素6(IL-6)的分泌水平。[2]

大自然可以激励你,让你与更强大的力量联系起来。它能让你屏住

---

[1] K.威廉姆斯和L.威廉姆斯等(2018)。《自然体验对创造力好处的概念:注意力恢复和思维漫游是相辅相成的过程》,《环境心理学杂志》,59。
[2] J.E.施特勒等(2015)。《积极情绪与炎症标志物:特定积极情绪预示炎症细胞因子水平降低》,《情绪》,15(2),129—33。

呼吸，提升注意力，增强大脑的机能，提升自己的批判思维能力。它能极大地改变你的自我认知，即所谓的"小我"效应，因为你会觉得与周围的世界相比自己渺小、无足轻重。敬畏感可以大幅度缓冲你的财务和其他日常压力。它支持你正念的存在，扩展你对时间的感知，抵消你因为赶时间而产生的压力。随着压力减轻，你的心情会更加开朗，更幸福，整体上对生活更满意。

在大自然中，你可以接触到自然光，这是重设昼夜节律（你自己身体的生物钟）的绝佳方式。现在，很多人在大多数时候都是在室内对着电子设备的屏幕，以至于他们身体的生物钟失调了。光照强度可以用勒克斯为单位进行简单的测量。在一般的办公室或家中，你在室内接触到的光照，强度通常不到 500 勒克斯。而在晴天的室外，光照强度可高达 100000 勒克斯（在背阴处可能高达 25000 勒克斯）。即使是阴天也能提供至少 1000 勒克斯的光照，而每天至少 30 分钟的光照有助于保持情绪活力。晨光的蓝色调和较短的波长似乎是最有益的。即使在冬天，吃午餐后到户外散步也对健康大有裨益，因为户外光线总是比室内人造光线更强、更亮，对你来说也更健康。

实践出真知

梅利莎在我的医疗诊所就诊时，正处于人生中特别困难的时期。多重生活压力，包括赡养年迈的父母、额外的工作压力和最近对健康的恐慌，都让她付出了代价。她急躁易怒，一直在赶时间，总感觉生活在"加速"。情有可原的是，梅利莎把自我保健策略丢在了一边，这在那些饱受压力负面影响的人身上很常见。

梅利莎明白,虽然她无法彻底摆脱生活中来自环境的压力,但她可以改变自己看待问题的角度。在我的建议下,她接受了一些谈话治疗(咨询),我帮助她以不同的角度看待问题。

她还认识到了积极改变生活方式的重要性。我们谈到了锻炼和运动,虽然梅利莎从不热衷于锻炼,但她曾在电视节目中看到我谈论森林疗法,后来又读到一篇关于在大自然中度过美好时光的文章。梅利莎对此很感兴趣,因为她的一个好朋友有种植花木蔬菜的天赋,她经常和这个朋友一起散步。

我给她开了处方:定期到大自然中,每周至少120分钟,没有上限。不仅要投入时间,还要集中精力沉浸在世界一流的康格里夫山花园的奇花异草中。

在大自然中的时光让梅利莎摆脱了日常生活的喧嚣,重新找回宁静的感觉,重温自己的初心。我建议她出门前在笔记本上写下自己的烦恼,然后在大自然中将它们完全抛诸脑后。在大自然中,我鼓励梅丽莎去充分感受自己的经历。她能听到的声音(鸟鸣声、风的沙沙声、地上树叶被风吹动的声音);她能看到的景象(斑驳的阳光、远处的地平线、树叶上的分形图案或细微之处);森林清新芬芳的气味,以及微风拂过脸颊或阳光洒在背上的感觉。之后,梅利莎会写下几行字,详细描述自己的感受,简单表达对这段经历的感恩。

我再次见到梅利莎大约是在8周后。她感觉好多了。她的情绪有所好转,压力症状也大幅度减轻。她自己的话也许最能概括她的进步:"我是抱着开放的心态开始度过大自然时光的,但我不清楚这会给我带来多大的好处。它让我感觉不那么烦躁和紧张,更紧密地与周围的世界联系在一起。森林疗法练习让我感觉宁静祥和。我感觉更平静、更踏实，也敢说自己很满足。时间变慢，我更有存在感了，现在似乎有更多的时间可供利用。我现在确实又充满了期待，对未来充满希望，心态非常积极。"

自然的处方

从制造氧气、净化空气，到提供庇护所和安全空间来恢复和重建连接，我总是能发现树木的与众不同之处，更不用说它们高高耸立的力量和风吹树叶沙沙作响带来的静谧感了。现在，世界各地的大量科学数据证明了大自然对健康和治愈的好处。起初只是普通的常识，现在已经发展成为一种健康、有活力和生命力的新模式。一位名叫李清的医生对治疗日本人的"过劳死"很感兴趣，这是困扰大量日本劳动者的首要问题。由于在大自然中度过的时光能给他个人带来好处，他对此印象深刻，并开始在病人身上进行实验，看看能否找到支持自己主观看法的客观科学证据。研究开始于赤泽自然休养林，这是日本四季分明、香气最浓郁的森林之一。

他在初步的研究中发现，接触大自然（哪怕每月仅一次，每次仅两小时）可以显著降低压力激素分泌水平，同时帮助人们提升活力、增加生气。比较在城市中散步和在森林中悠闲散步，他发现在森林中散步者感觉自己的情绪得到了改善，没那么焦虑了，同时睡得更香，更有活力。在大自然中度过几分钟后，心率和血压就会降低，20~30分钟后，皮质醇分泌水平也会降低。客观数据显示，皮质醇分泌水平（12%）、血压（1.4%）、心率（6%）和身体整体压力程度均有所降低。[1]

李清研究的下一个问题是："如果在大自然中度过能减少有害压力，那么能否增加自然杀伤细胞？"自然杀伤细胞是一种白细胞，是你免疫系统的重要组成部分，有助于保护人体免受病毒和肿瘤细胞等不速之客的侵袭。李医生在日本的研究发现，连续3天每天花2个小时在森林中远足的日本中年高管，其自然杀伤细胞明显增多（增多了40%）。他发现，如果这种习惯持续长达30天，此时的自然杀伤细胞仍比研究开始时增多约15%。此外，他还发现生活在树木较多地区的人，压力明显较低，死亡率也较低。

因此，"森林浴"（forest bathing）一词被采用，用日语说是shinrin-yoku。"shinrin"在日语中是森林的意思，"yoku"是洗澡的意思。值得注意的是，虽然步行和其他运动通常都能减轻焦虑和抑郁情绪，但只有"森林浴"对活力和生命力有积极影响。

从本质上讲，"森林浴"是利用五种感官——视觉、嗅觉、听觉、触觉和味觉——沉浸在大自然中的练习。这能让你以一种更加身临其境的方式与大自然建立联系。通过沐浴在森林的精华中，融入大自然的固有节奏，你可以"充电"和放松，进而实现人与自然的和谐与治愈心灵。我们来探讨一下"森林浴"的各个方面如何改善你的健康、提高你的活力。

视觉。作为一种高度视觉化的生物，你会通过视觉感知世界上的大

---

[1] H. 落合和H. 池井等（2015），《森林疗法对临界高血压中年男性的生理和心理效应》，《国际环境研究与公共卫生杂志》，12（3），2532—2542。

部分事物。大自然中的蓝色和绿色是最能让人平静和恢复精力的颜色。眼睛中的感光色素基因（photoreceptor pigment gene）天生能够识别绿色植物反射光的波长。从最基本的角度来说，绿色意味着水的存在（因此食物就在附近），因此可以缓解你的应激反应，让你稍微放松一下。美国罗切斯特大学的研究发现，只要看看绿色再去完成一项创造性任务，就足以提高你的实际创造力。[1]相比之下，城市的灰色景观则会增加你的攻击性和不愉快感。

Komorebi是一个日语术语，大致可翻译为"透过树叶的阳光"，大概指斑驳的阳光。在日落时分或清晨薄雾中，"透过树叶的阳光"尤为美丽，斑驳的光线让人心旷神怡。你有没有注意到大自然中的图案是多么令人愉悦？这主要是因为观察分形图案有益于健康。分形图案最初被出生在波兰的数学家曼德尔布罗特（Mandelbrot）描述为世界的"粗糙"，是在不同尺度上重复出现的复杂而不规则的几何图案（称为自相似性，self-similarity）。虽然现代社会的人造环境中没有分形图案，但只要你在大自然中睁开眼睛，就能观察到周围迷人的分形图案。看看一朵花展开的花瓣、一株植物的叶子以及一棵树越来越细密的枝条。请注意，无论你从哪个角度观察，树枝的形态都是一样的。想想云朵、花椰菜、海岸线——它们都遵循分形模式。此外，眼睛的视网膜似乎存在一种搜索模式，能够快速识别分形图案并引起你情感上的共鸣，从而使你的大脑依据一系列感官数据和刺激快速做出决策。大脑似乎天生就会寻

---

1 S. 利希滕费尔德、A.J. 埃利奥特、M.A. 梅尔和R. 佩克伦（2012）.《多产的绿色：绿色有利于创造性表现》,《人格与社会心理学通报》, 38（6）：784—797。

找自然界中的这些分形图案，能利用视觉流畅地感受它们，发现它们本质上令人愉悦，天然能帮助人们消除压力，并且有助于人们恢复精力。这在下述大自然景色的功效中发挥了重要作用：让人像充了电一样恢复精力，放松下来，同时提升幸福感、敬畏感，激发灵感。

美国医疗保健设计教授、环境心理学家罗杰·乌尔里希发现，只要看看大自然的景色，就能大大缓解（生理和心理上的）应激反应，帮助康复。他年轻时患有肾病，需要长期卧床在家。他可以透过卧室的窗户看见一棵美丽的树，他觉得这让他精神振奋。多年后，他想知道住院的病人是否也能从中受益。为了进一步探讨这个问题，他研究了两组胆囊手术后正处于恢复期的病人。一组病人从房间里向外看砖墙，另一组病人则看树。他发现，在病房里能看到树的那些病人在手术后恢复得更快，住院时间平均减少了一天，需要服用的止痛药更少，精神压力更小，护士笔记中记录的负面评价也少得多。以这项研究为基础，他在1984年发表了著名的论文《透过窗户看风景可能会影响手术后恢复》。此后，这项研究被多次重复，研究结果表明，受益于"绿色风景"的人住院时间更短，需要服用的药物与其他患者相比更少。美国堪萨斯大学的后续研究表明，与看电视等其他形式的消遣相比，在大自然中观赏景色尤其能为治疗带来好处。此外，在医疗环境中摆放植物和鲜花，可以证明这里是一个得到精心照料的地方，这本身就有好处，可以刺激内源性内啡肽（endogenous endorphin）释放，它是天然镇痛剂，还能让情绪更加积极、平静和乐观。

声音。上一次你什么都听不到是在什么时候？美国华盛顿州的奥林匹克国家公园有一块红色的小石头，上面刻着"一平方英寸的宁静"，传达了创造一个完全没有人为噪声的地方的理念。交通、机器和现代生活的喧闹都会产生大量噪声，这些噪声会带给人压力，影响睡眠并使血压升高。森林的静谧可以促进所谓的"认知的平静"，让大脑沉浸在安静中，从感官上感觉到活力。英国作家约翰·拉斯金写道："寂静的空气并不甜美；只有充满鸟儿低声鸣叫、昆虫的沙沙和唧唧声三重奏的空气才是甜美的。"来自大自然的自然音景可以让人平静下来，缓解应激反应，恢复活力。鸟鸣已被证明可以令人振作、提高注意力、与大自然建立联系，给人带来平静的感觉。聆听大自然的声音——水声、风声，尤其是鸟鸣声——并留意自己的感受。

气味。Petrichor是雨后森林美妙香气的别称。这个词的意思是"岩石的精华或生命的气息"，来源于希腊语petros（石头）和ichor（流淌在众神血管中的生命精华）。嗅觉是最原始的感官，对身体和心灵都有直接影响，它能强烈地影响你的情绪，唤起你深层的记忆。由于土壤细菌的作用，潮湿的土壤会产生土臭素（geosmin，其气味通常令人愉悦），它从土壤细菌中产生，同时具有根菜和胡萝卜泥土的味道。人类对土臭素的气味极为敏感，即使其浓度仅为万亿分之五，人类也能够察觉到。在祖先生活的时代，这种敏感有助于他们寻找和发现食物，尤其是在干旱时期。分枝杆菌（mycobacterium）是天然存在于土壤中的一种细菌（尤其是在土壤中添加了粪肥或堆肥的情况下），在花园里挖掘和除草时吸入或摄入这种细菌可以提高你血清素的分泌水平。吸入分枝杆菌会让你在主观上更加快乐幸福，同时消除忧虑和其他消极想法。

树木之间相互联系、沟通和协作，相互帮助，抵御病毒、细菌和真菌的侵袭。它们通过一个有时被称为"木联网"的菌根网络，释放被称为植物杀菌素的物质来达到这些目的。植物杀菌素（phytoncide）一词源自希腊语 phyton 和 cide（意为"植物"和"杀死"）。松树、柏树、针叶树和其他常绿树能产生较多的植物杀菌素。此外，树木周围的环境除了含有大量有益于健康的植物治愈物质，氧气含量也很高。

味觉。张开嘴品味林间清新的空气或飘落的雨滴。带上一些新鲜草莓，这能给自己提供美妙的感官享受。或者，带上一两颗葡萄干，体验以葡萄干为基础辅助工具的简单正念技巧。该技巧由乔·卡巴金开发，它不仅可以用于一般的正念练习，还可用于更多的正念饮食中。它能让你在品味当下时细嚼慢咽，减少日常生活中让人迷乱的干扰，不受焦虑等"跑马灯式"的消极情绪的妨碍。

○取一颗葡萄干，用拇指和食指夹住或放在手心。

○假装自己以前从未见过这样的东西。将注意力放在葡萄干上，仔细观察。检查它的突起、不对称、颜色较浅或较深的区域。观察它的任何独特之处。

○用手指小心地搓葡萄干，感受它的质地。也许闭上眼睛你就能更好地将注意力集中于触觉。

○将葡萄干放在鼻子下面，闻一闻它的气味。你以前闻过这种气味吗？

○将葡萄干放在唇边，然后放入口中。体会葡萄干在你口中的感觉，用舌头触碰葡萄干，不要咬它或者咀嚼。

○慢慢地、有意识地咀嚼葡萄干，体验浮现出的味道。在用心咀嚼的过程中，将注意力集中于葡萄干不断变化的味道上。

○觉察吞下葡萄干的欲望，并在吞下时保持专注。

○注意力随着被吞下的葡萄干移向你的胃，然后关注自己现在的感觉。

○一颗小小的葡萄干也可以具有象征意义：你选择更多地关注当下，从有害压力中解脱出来，拥有更多的平静，情绪更加积极，更深入地用感官去体验大自然。

触摸。离子是存在于空气中的微粒，可能带正电，也可能带负电。带负电的离子被认为具有恢复元气、提高整体活力及帮助人们厘清思路的功效。它们更多存在于户外，尤其是在森林、瀑布、江河与溪流附近。例如，每立方厘米瀑布中可能含有多达十万个负离子，而你工作的办公室里每立方厘米只有几百个。

把大地看作一块能让你接地的巨大电池。脱掉鞋子，赤脚行走，可以让你接入大地的能量。亲身体验一下，看看用这种方式为自己注入能量的感觉有多好。皮鞋能帮助你保持与大地的自然联系，胶底鞋则会隔绝你与大地的自然联系。

只需关注自己生活中存在的自然，无论是室内的植物、窗外的景色还是当地的公园。意识到大自然引发的许多积极情绪，你会更加热烈、长久地感受它们。我喜欢做的事情之一就是给引起我注意的自然美景拍照。之后，我会写下几行文字，记录下我拍摄这张照片的原因以及对景色的感受。花时间回顾这些描绘自然的照片，就像与大自然做长期的密友，从而增强自己的活力。

如果你有幸能在绿地附近工作，无论绿地面积多小，都要试着定期在那里待上一段时间,也许就是利用午休时间。在我的医疗诊所里,员工和病人每天都可以在疗养花园里消磨时光,或者只是通过诊室或回廊的窗户欣赏花园里的美景,享受花园带来的焕然一新的感觉。与乌尔里希的研究结果相呼应,研究发现,透过窗户欣赏大自然的景色可以大大减轻你的工作压力,增强你在工作中的积极性。最近,澳大利亚墨尔本大学通过研究发现,透过窗户短暂地欣赏大自然中的绿色,只要持续40秒钟,就能提高注意力,让思维更加敏锐。如果你在工作中没有这样的机会,就可以考虑将一幅自然美景设为电脑或手机的屏保。美国密歇根大学的研究发现,只需观看10分钟自然图片,就能提高认知能力。

森林疗法(forest therapy,或称森林浴)是指你愿意全身心沉浸式体验大自然,同时保持正念存在。正念存在的意思就是确切地意识到自己的存在。换句话说,当你身处某地时,就完全存在于那里。作为一种练习,虽然最好持续几个小时,但即使只练习45分钟也足以增强你的活力。森林疗法能让你有机会脱离忙碌状态和让自己分心的日常生活,重新将自己的本质融入大自然(如果你的手机在裤子后面的口袋里嗡嗡作响,你就不可能成功,所以请把手机留在家里、关机或调成静音模式)。在全身心投入大自然的同时,不要想生活中的压力和负担。给你一个建议,在开始森林疗法之前,你可以把这些压力和负担写在笔记本或日记上,就当是"把它们搁置在一旁"。如果你想解决某些问题,在沉浸于大自然之前,设定一个简单的目标,然后再埋头于大自然。顺其自然,让自己的潜意识开始工作。也许在一天快结束的时候,你就会有新的见解或视角。

重新找回自己的感觉。首先,找一个能让自己放松的地方。放慢脚步，让自己的感官引导自己的身体，让自己沉浸在体验大自然中，感受自然世界的丰富多彩。慢慢走，让自己的感官习惯周围的环境。将嗅觉、听觉、视觉、触觉和味觉这五种感官与大自然融为一体。如果你愿意，可以坐一会儿，边阅读边尽情吸纳周围的声音、感觉和景色。让你善于分析的大脑休息一下，专注于自己的感觉。只关注自己注意到的东西，一遍又一遍。成为你所关注事物的关注者，成为你所有经历的观察者。

你注意到了什么？你的目光被什么吸引住了？你看到了什么？是不同色度的绿色和斑驳的阳光吗？是树叶或天空中云朵的分形图案吗？你能看到花瓣上的图案或叶子上的脉络吗？当你对周围不断展现的分形图案越来越敏感时，你能否生出对自然界的敬畏之情？

你能听到什么声音？声音是从哪里传来的？是鸟儿的歌声吗？是风轻轻吹过树林的沙沙声吗？是脚下的细枝嘎吱作响的声音吗？

你闻到了什么气味？土壤的气味、植物的芳香、植物杀菌素，还是浓郁、清新的空气？

你能尝到什么味道？带上一些新鲜的浆果吃，可以让你尽情享受美味。或者张开嘴巴品尝森林的空气（或雨水），这能进一步加深你与大自然的联系。

你能触摸到什么？你移动身体时有什么感觉？把手放在树干上，感受它的粗糙。如果你愿意，可以拥抱它。拿起一些树叶或小石子。如果方便，可以脱掉自己的袜子和鞋子，与脚下的大地亲密接触。想象根系从自己的双脚向下延伸到地下，让自己放松，并从压力中恢复过来。

在离开自然空间之前，回想一下自己经历的一切。可以在日记本或笔记本上写几行字。你经历了什么？与之前相比，你现在的情绪如何？你是否感觉更加放松和生气勃勃？这次经历对你今后的生活有何启发？最后进行简单的感恩练习，这有助于你进一步巩固森林浴的体验，深化你与大自然的关系。

我最喜欢的关于森林疗法的描述之一来自盲人海伦·凯勒。她的朋友在森林里漫步了很长时间，刚一回来被问及看到了什么时，她描述说"没有什么特别的东西"。对此海伦写道：

我很奇怪，在树林里走了一个小时，怎么可能什么也看不到呢？我这个看不见的人发现了成百上千的东西：一片叶子的精妙对称、垂枝桦光滑的树皮、松树粗糙不平的皮。我这个盲人可以给那些看得见的人一个提示：用你的眼睛，好像明天你就会失明一样。听虫鸣的旋律、鸟儿的歌声、管弦乐队的雄浑乐曲，好像明天你就会失聪一样。触摸每一件物品，好像明天你的触觉就会失灵。闻花香，津津有味地品尝每一口食物，好像明天你就再也无法嗅到或品尝一样。充分利用每一种感官，尽情享受世界展现给你的一切美好。

第四部分

活力之思

充满活力的大脑有复原力，使你专注而不容易分神。以精神力量为基石来生活，你将学会重塑过去的经历，从而获得成长和崭新的视角。在这一部分，我希望帮助你避免把压力看作一种需要打败的威胁，或者能力超群的象征，而要把它看成一种需要接受的存在。认识到定期从压力中恢复的重要性，你将积极参与正念练习，接受当下的认识。活力之思从未让你停止学习和成长。只要做出微小的积极改变并持之以恒，就能带来巨大的成果。

正念存在

控制你思想的力量源自你自己，而非身外之物。认识到这一点，你就会找到力量。

——马可·奥勒留

正念起源于佛教。在佛教中，"念"（意为关注、觉察和不加判断地存在）被认为是开悟的第一步。人们曾经猜测正念代表佛教寺庙深处传递出来的和平与安宁的希望，现在这一实践在西方世界被广泛接受，这在很大程度上归功于乔·卡巴金在美国马萨诸塞大学医学院开展的正念减压项目。与此同时，科学界的研究也呈指数级增长，这些研究表明，正念对心理、情感和身体健康都有巨大的好处。

存在的科学

现代社会节奏快，充满各种选择，到处充斥着点击诱饵和数字干扰，静下心来全神贯注比以往任何时候都更困难。

噪声污染，尤其是来自城市生活的噪声污染，会增加罹患高血压和心脏病的风险，还会损害听力。从无休止的 24×7（意即全天候）循环投放新闻到无处不在的数字设备，各种令人震惊的感官信息输入正让许多人经历信息超载，即"数据雾霾"。所有这些"噪声"都会导致更严重的有害压力、精神疲劳、注意力分散及专注力和意志力下降。

我称之为专注心智缺失综合征（SPAM）——总觉得"这里"或"那里"的东西比眼前的东西更有趣。专注心智缺失综合征的症状包括无意识地吃东西，刚听过他人的名字就忘记，经常丢失钥匙、手机或信用卡。你会由于某件事情而分心，以至于忘记现在要做的重要事情。早上起床后，当你在处理大量电子邮件和社交媒体通知时，各种问题充斥着你的大脑：我要穿什么衣服？我需要先解决工作中的哪些问题？我要先吃什么？有句谚语说："逐多兔者不得一兔。"太多人被淹没在一个永远开启的世界中，被这个过度连接的时代搅得心烦意乱，于是焦虑的情绪蔓延，应激反应更加激烈。

数字设备导致的注意力分散和信息过载，会加重你的专注心智缺失综合征，有可能会损害你的心理健康。我将数字设备称为分散注意力的潜在大杀器，它们会导致你在收件箱的提示声不断响起时难以集中精神。注意力分散会让你难以深入思考。研究表明，随着大脑越来越依赖手机等科技产品，智力会不断下降。我记得最近一位高级主管向我承认，他在参加团队领导层会议时总是不由自主地查看自己的推特通知！显然不是他一个人。英国通信管理局最近的研究发现，人们平均：

○ 每12分钟查看一次智能手机，每天超过80次。

○ 40%的人会在起床后5分钟内查看智能手机（18～34岁的人这一数据为65%）。

○ 40%的人会在熄灯后5分钟内查看智能手机（35岁以下的人这一数据为60%）。

○ 每天使用智能手机2.5小时（18～24岁的青少年这一数据为3.25小时）。

智能手机是一种非常强大的精神活性物质（psychoactive substance），它能激活前额叶皮质的多巴胺通路，强化神经生物学反应，以提供各种奖励。多巴胺的释放会引发强迫性冲动和成瘾。对时间的感知失真、失去控制能力、容易访问和获取信息，以及自以为具有匿名性，所有这些因素结合在一起，使得智能手机成为引起人们分心的绝佳工具。

很多互相竞争的需求会"争夺"你的注意力和精力，因此你不可避免地会倾向于处理多项任务。斯坦福大学的研究发现，处理多项任务往往会适得其反，因为同时做很多事情往往意味着几乎什么都做不成。[1] 处理多个任务也许更适合被称为"切换任务"（switch tasking），因为你的大脑会迅速将注意力从一项任务切换到另一项任务。大脑的主动认知能力带宽有限，任何时候都只能处理几块数据（实际上是七块，上下浮动两块）。从一项任务快速切换到另一项任务，会消耗你大脑宝贵的能量，而且有可能使大脑的效率降低40%。

研究发现，今天你可能会有多达6000个想法（大多是负面的想法），其中许多想法与昨天（和前天）的想法相同。[2] 在任何时候，你的大脑都能接收到大约1100万条信息，而你只能有意识地注意到其中大约50条。在你有意识地注意到这些信息之前，它们已经在大脑的电化学通路中传递了几秒钟。

虽然你每天都有很多想法，但这并不是你自己的真正想法。各种想法就像风中的树叶，飘来飘去。就像你无法控制树叶飘进你的花园一样，你也无法控制自己的想法。但你可以选择在花园里耙地除草，就像你可以选择把注意力集中在哪些想法上一样。所有这些想法的麻烦在于，你可能会相信它们是真的，从而导致你抑郁地反思、备感焦虑，承受有害压力。在你的生活这部无休止的电影中，你往往倾向于关注过去（遗憾、挫折、失望）和未来（压力、担忧和焦虑），而不是当下。

---

1 C. 纳斯等（2009）。《媒体多任务处理者的认知控制》，《美国国家科学院院刊》，106（37）15583—15587。
2 J. 曾和J. 波彭克（2020）。《大脑元状态转换区分了不同任务情境下的想法，揭示了心理噪声的神经质特征》，《自然·通讯》，11，3480。

如果晚上无法让这些想法安静下来，你的睡眠就会紊乱，虽然你很疲惫，但是很兴奋。此外，毫不夸张地说，你可能会把大部分时间花在应对大脑中的这些想法上。这种"跑马灯式的想法"试图分散你的注意力。因此，当智能手机出现时，源自专注心智缺失综合征的依赖就会与数字设备彼此吸引。

这是我在2013年年末吸取的深刻教训，当时我会在晚上把手机当成庇护所。手机里有如此多让自己分心的事情，有如此多动动手指就能打开的应用程序。当然，手机有闹钟功能只是我把手机带到床上的完美借口，我在床上可以用手机起草或阅读电子邮件直至最后一分钟。每天早上还没起床，我就开始关注新闻（几乎都是坏消息）和电子邮件。我开始在自己的生活中运用正念技巧后，就更容易理解深夜使用手机并不明智。当然，了解更多关于睡眠的新兴科学以及蓝光的有害影响，对我也非常有帮助。深夜不再使用科技产品——我开始在休息时间把手机安全地放在厨房适当的位置。结果我睡得更香，感觉更敏锐，注意力更集中，焦虑减少，压力也减轻了。这个简单的积极习惯的改变，带来了一系列好处。

哈佛大学医学院对神经可塑性领域的研究发现，为期八周的正念课程可以"重塑"你的大脑。具体来说，海马体（这一大脑区域参与学习、记忆存储、空间定位，还对来自杏仁核的情感背景信息进行编码）和颞顶联合区（temporo-parietal junction，与移情和同情心有关的区域）的脑容量和灰质会增加。此外，杏仁核的密度会降低，缓解对有害压力的应激反应（减少"战斗或逃跑"的倾向）。

活出生命力

存在的好处

正念存在让你能够打破过去与未来之间的联系,同时发挥出现有的潜能。正念存在能让你看清事物的真实面目,调整并感受自己的感官,在你阅读这些文字的一刻,在此时此地,全身心投入。

想象你有一个装满水的果酱罐子。取一大勺泥土放进罐子里,盖上盖子,用力摇晃罐子。装满水的罐子象征心灵,而旋转和浑浊的泥土代表你"跑马灯式想法"的噪声、令你分心的事和日常生活中面临的挑战。现在,把罐子放在桌子上,等待泥土沉淀到罐底。泥土沉淀后的罐子代表正念存在,你将有意识地休息,在全新的自由状态下体验现实的真实面貌。你会更清晰地看到整个画面:清澈的水和底部的泥浆。

有目地关注当下而不去判断,由此产生的意识就是正念。想象一下,你卧室的窗帘是拉上的,外面明媚的阳光在向你招手。正念就是拉开窗帘,让光线照进来,展现此时此刻的美。揭开过去的面纱,放下对未来的焦虑,你对此时此刻的现实就会有更清晰的体验。"关注"本身比具体关注什么更重要。

正念存在是一种存在方式,是一种内在的平衡感,能让你更全面地感知此时此刻。这样一来,你就能提高自己的学习能力,进一步成长,更充分地表达情感,更通透地体验触觉、味觉、嗅觉、视觉和听觉。

焦虑的消极想法和令人心累的信念可能会成为"跑马灯式的想法"的主要组成部分。它们以各种方式表现出来——从反复思考应该做什么、可以做什么和必须做什么,到一连串的借口和期望。通过与他人进行比较来否定自己,专注于自己缺失的东西或自己为什么不是某人(缺乏感恩之心），对未来杞人忧天，或者将自己视为环境的受害者，总之，这些都会削弱你的自我意识。难怪会有那么多人被"跑马灯式的想法"淹没，被这些令人焦虑的消极想法和令人心累的信念拖累。它们会导致你的爬行动物脑（reptilian brain）控制你，带给你有害压力、疲惫感和焦虑。你做出反应不是经过深思熟虑，而是凭一时的冲动，在恐惧等负面情绪的支配下，你事事自我拆台，难以自拔。

不幸的是，旧习难改，因此你很难改变这些信念和条件反射。然而，并非完全不可能改变。你可以选择后退一步，利用正念存在建立自我意识，改变自己对现实的体验。正念存在能扩充你当前的意识，清除更多令人焦虑的消极想法和令人心累的信念。你可以觉察这些想法和情绪的起伏，不去评判它们，也不被它们淹没。

正念存在是一种礼物，是你自我保健的重要习惯和保证。乔·卡巴金写道："在亚洲的语言中，'念'和'心'是同一个词。因此，如果你没有从某个深层次上把正念听成'心'，你就没有真正理解它。要将对自己的同情和善意真正融入正念。你可以把正念看作充满智慧和亲切的关注。"

正念存在能带领你进入一种存在的境界，让你进一步回归自己真实的本性和情感的本质。我的意思是，从你所知道的、所做的或所拥有的，转向你存在的意义！如果你安于"存在"，你在确定自己的身份时就会从"我就是我所做的或所拥有的"转变为"我存在的意义是什么"，你会不偏离自己的目标，内心拥有更多的自由。仅仅通过"存在"，你就会变得更有创造力，并对新的可能性持开放态度。你会发展自己的内在能力，不仅能听，还能听见；不仅能看，还能觉察。

活出生命力

珍视包括同理心和同情心。同理心是对他人的感觉和经历感同身受，而同情心是发自内心地帮助和减轻他人痛苦的愿望。梵语中的"同情"一词是 karuna，其词根是"kr"，意为行动。为他人服务可被视为有实际行动的同情。如果你遵循正念存在、怀着同理心和同情心准备为他人服务，"行动"有时也被称为"业"。

近年来，越来越多的人认识到正念有可能会帮助自己消除焦虑，应对恐惧，对抗有害压力、思想和消极情绪。虽然正念肯定不是解决所有问题和生活挑战的"灵丹妙药"，但它确实有不容忽视的潜在好处。

长期进行正念冥想可以让你的"跑马灯式的想法"停下来，否则它会让你的大脑"迷失"，无休止地反刍负面的想法和经历。这当然会让你疲惫不堪、有气无力。正念会让你从强调已经发生的事情（过去）和/或担心可能发生的事情（未来）转向正在实际发生的事情（当下）。你将加强对自己大脑的掌控，而不是跟着"跑马灯式的想法"疲于奔命。

正念或正念存在对提升自我至关重要——从自我意识、自我接纳、自我同情，到自信和自我价值。这样一来，你就能加深与自己和周边世界的联系。你能创造更幸福的生活，因为你对周围事物的感知更加敏锐，而不会成为环境或变幻莫测的"跑马灯式的想法"的牺牲品。随着自我控制能力的增强，你的决策能力会提高，思维也会更加清晰、专注和透彻。随着时间的推移，反复出现的微小的积极变化会真正发挥作用，明显提高你的日常生活质量。正念存在能帮助你深入理解思想和情绪如何影响你的生活。你能更清晰地听到自己内在的声音。正念存在有利于自我保健，因为你的日常行为会告诉你："我值得花时间照顾自己。"

正念可以减少很多既有的心理偏见，使你能够看清而不是臆测事物的本来面目。它还能大幅度减少你的消极偏见,让你更清楚自己的盲点。这些盲点不仅是关于弱点或自我贬低,还关于你的优点和积极特质。正念能拓宽你的世界观,使你获得更多的视角。我经常看到一些人很难意识到他人对他们的赞美,或者会立刻贬低、否定他人的赞美,这是一种很"爱尔兰式"的特点。接近正念,方便你更好地体验积极的一面。

正念有助于你在庞大的大脑网络中建立联系,从而提高自己注意力的质量,减少分心。你的工作记忆和意志力会得到加强。此外,你的自我调节能力会得到提高,你的大脑也会发生有助于控制冲动的变化。正念冥想有助于培养你的专注意识,让你在进行正念练习后长达五年的时间里持续提高注意力。[1] 它能提高你解决问题的能力,同时让你减少走神。它有助于减少你的"习惯化",即让你停止关注环境中新信息的倾向。

多体验一下正念存在,你会更加自信地应对现在和未来的挑战。这样你就能获得从压力中恢复的能力,这种能力并非昙花一现,而是历久弥新。

当你更容易从自己的想法或感受中抽离出来,明白自己与它们并非一体,你的心理健康就会得到改善。这就是所谓的"心灵解放"(元认知意识)。在你从"认知"转向"存在",从过去或未来转向当下后,你的负面想法就会减少,焦虑也会被化解(减少让自己焦虑的消极想法)。正念练习对解决抑郁、焦虑和成瘾等多种心理健康问题都有帮助。

---

[1] L.沙纳、T.凯利、D.罗克韦尔和D.柯蒂斯(2016)。《冥想》,《人本主义心理学杂志》,57(1),98—121。

活出生命力

或许可以将正念存在看作一种排解有毒情绪的过程，它可以冷却杏仁核。神经科学研究表明，正念练习能抑制大脑杏仁核（情绪警报中心或"红色按钮"）的活动，增加其与前额叶皮质（大脑中负责逻辑思维的部分）的联系。[1]因此，你可以更高效地管理和表达情绪，不易受他人消极情绪的影响，减少冲动或缓解应激反应，更有耐心，反应更快，恢复力更强。作为一种有效的应对策略，正念存在能让你更好地应对不愉快的情绪、被排斥和社交孤立。

正念存在能让你的人际关系更加和谐，因为你会成为一个更好的倾听者，在工作中与他人相处得更和谐，不吝赞美他人的长处。它会让你更多地倾听自己内心的声音，拥有更强的自我意识和更多的感知，这样你就能体验到更多的平衡与和谐——我称之为"灵魂的存在"。

正念存在也能让你更加积极地看待生活，帮助你改掉旧习惯，养成有益于健康的新习惯；更多地留意自己的日常习惯，激励自己多做有益于健康的事，包括合理饮食、充分睡眠和坚持定期锻炼；养成良好的生活习惯，提高睡眠质量，减少失眠倾向；强化免疫系统，提高大脑处理信息的能力（海马体），改善记忆力，减少年龄增长带来的问题；控制慢性疼痛，提高生活质量。总之，"正念存在"能让你更加强大，获得更多的幸福感，同时更加充实地活在当下的每一时刻。

---

1 A.A. 塔伦等（2015）。《正念冥想训练改变了与压力相关的杏仁核静息态功能连接：一项随机对照实验》，《社会认知与情感神经科学》，10（12），1758—1768。

正念的处方

实践正念是一件必须自己去探索的事情。尽管这是一个简单而强大的工具,但大多数人仍未发现它的存在。为了在日常生活中实践正念,你可以从以下问题出发进行思考:

○你是否困在自己的想法中,回忆或重复过去?
○你是否活得像个心甘情愿的受害者,喜欢批评、抱怨或进行消极的比较?
○你是否以开放、积极和富有创造性的方式看待自己的未来?
○你能关注当下发生的事情,还是心不在焉?
○你是否患有"理所当然综合征"或"期望综合征"?
○你渴望得到他人的认可,还是害怕他人的批评?
○你能耐心地倾听他人对你说的话吗?

有意识地练习专注,例如,专注于呼吸、身体的感觉。例如,专注于你的手、脚、脸——每次将注意力转移到一个特定的区域。关注自己的感受,包括脚踩在地上的感觉、坐在椅子上的感觉、听到的声音——这些都会帮助你接近正念。

正念静默。试着让大脑沐浴在静默中,感受生命的活力。试想一下:你每天有多少时间(如果有时间),是在完全静默的状态下度过的?可能这样的习惯非常少。如果你和大多数人一样,你会在一个充满噪声的世界里度过,很少体验到静默。做一个实验,停下自己现在正在

活出生命力

做的事情，认真去倾听。你听到了什么？试着辨别每一种声音：车流声、电脑的嗡嗡声、音乐声、人们的交谈声、你身体发出的声音、你的呼吸声。

只需关注自己听到的声音的质量与数量，就能减轻与噪声有关的压力，感受到诸多好处。更重要的是，每天享受一定时间的高品质宁静，就可以让自己重置内心的恒温器，达到更加平衡与和谐的状态。关于静默，最后再听听释一行禅师的智慧："静默必不可少。我们需要静默，就像我们需要空气一样，就像植物需要光一样。如果我们的大脑中挤满了文字和想法，就没有空间留给自己了。"每天的静默期是一个黄金机会，能让你摆脱现代社会的科技和混乱，重新找回自己的本质。

当然，如果静默与孤独、被迫跟他人隔离（如隔离监禁）有关，或者在处理问题、感到焦虑时不敢开口，那么静默可能是有害的。但我在这里要说的是，你要有意识地将静默期带入自己的日常生活。即使每天只有几分钟的静默，也会成为一份真正的礼物，让自己全身心地存在于当下。你可以意识到自己的思维只是一个心理过程，并不一定是真实的存在，同时认识到这并不需要你采取行动或做出反应。

静默对恢复有益，这可能与嘈杂环境下的压力产生的效应完全相反。如果用降低血压和增加大脑血流量来衡量，静默两分钟可能比听"轻松"的音乐更能放松你的大脑。研究发现，在宁静的环境中工作可以减轻认知负荷和压力，同时有助于调节你的关注点、注意力和精力。

静默甚至可以增强记忆力。对小老鼠进行的研究发现，每天静默两小时，大脑中与学习、记忆和回想有关的区域就会生长出新的脑细胞。[1]当我思考静默的好处时，我想起了爱因斯坦的话："我思考了九十九次，一无所获。我停止思考，在静默中遨游，真理就会向我走来。"考虑在一天中的某些时段保持静默吧。静默是一种绝佳手段，可以让你过得更有活力。

正念简单（mindful simplicity）。简单是一种自然的存在状态。正念简单是你致力于意识到生活中让自己不堪重负的那些复杂事物，同时积极地采取措施减轻负担，拥抱内心的自由。复杂会导致情绪衰竭、能量耗尽和极度难过。复杂的例子包括成瘾、有害的人际关系、不健康的生活习惯和行为模式。在一个充满干扰、时间紧迫、压力巨大的世界里，难以实现"简单"才是困扰很多人的因素。

杂乱无章的事物和过多的选择会妨碍你处理信息、保持高效和集中注意力。美国普林斯顿大学的研究发现，杂乱无章的事物会"争夺"你的注意力（就像处理多个任务一样），从而降低你的表现、工作效率和处理信息的能力。[2]它就像一件束缚你的紧身衣，让你困守过去，压力感和挫败感增强，产生消极情绪，同时阻碍你获得创造性的见解或突破。

"简单"还存在一个悖论，即心灵既渴望获得更多的东西，也渴望获得更少的东西。你渴望拥有更新、更大、更好的东西，因为你相信拥有更多的东西会缓解不确定性并带来快乐。然而，由于你在心理上

1　I. 柯尔斯顿等（2015）。《沉默是金？听觉刺激及其缺失对成年人海马神经的影响》，《大脑结构与功能》，220（2），1221—1228。
2　S. 麦克梅因斯和 S. 卡斯特纳（2011）。《人类视觉皮层中自上而下和自下而上机制的交互作用》，《神经科学杂志》，31（2），587—597。

活出生命力

存在适应原则，因此你获得的任何快乐往往都是短暂的。当你已经适应了已经成为新常态的变化的环境时，你的新鲜感和新奇感很快就会消失。尤其是当你处于压力之下、感到力不从心时，你往往会渴望获得更少的东西来缓解压力，这本质上是对平静的渴望。对我来说，正念简单的本质意味着你不需要拥有更多，不需要比他人更聪明或更好。你只需要做自己，挖掘自己真正的本质，敞开心扉接纳真正的存在、同情和谦卑。

以下是一些需要考虑的问题：

○ 你能通过从生活中减少什么来提升自己的幸福感？
○ 你能停止做什么？
○ 你能拒绝什么？
○ 你能整理自己的空间和生活吗？
○ 你是否允许他人把你共享的空间弄得乱七八糟？
○ 你现在的生活有多复杂？
○ 你知道自己积累了多少东西吗？
○ 你如何更好地利用自己的时间、空间和想法？
○ 你能放弃哪些想法或行为？
○ 你害怕错过吗？
○ 你能开始追求简单吗？
○ 你还有余力过复杂的生活吗？

正念简单能让你放弃对拥有的执着，转而追求简单的存在。摆脱物质主义和对匮乏的恐惧,你会变得更加善良和慷慨。拥抱正念简单,你会开始放下生活中的某些复杂和烦琐之事。"简单"是一个持续的过程,能引领你进入安全、从容和宁静的内心世界,到达让你感到满足、踏实和安宁的地方。在很多方面,"简单"可以被视为一种精神修行——符合你的最终目标和根本价值观——一种由内而外的日常修行习惯。

保证开始改变。每天给自己几分钟时间,目的是清除复杂的事物。"简单"就是让自己摆脱桀骜不驯的自我,摆脱自己的过高期待和不知餍足。从你可能采取的最小行动开始,然后是下一个,再下一个,以此类推。简单不是完美,它只关乎进步。随着时间的推移,你的坚持不懈会形成动力,带来巨大的成果。享受这种"极致圆熟"(ultimate sophistication)带来的好处吧!

正念行走。从华兹华斯到爱因斯坦,历代许多哲学家和思想家都推崇正念行走。这听起来有些矛盾:运动让你更接近平和的存在与宁静。但是,正念行走的哲学就是在行走的时候,身体和心灵都要完全在场,开放和全身心地去体验。一边用手机打着工作电话,一边心不在焉地在森林中漫步,是毫无意义的。把你的手机收起来。在全身心体验大自然时,让生活中的紧迫问题烟消云散。要想体验正念行走的真正好处,就要轻松自在地行走,让自己完全融入所处的环境。倾听风轻轻吹过树叶的沙沙声,聆听鸟儿歌唱的声音,吸入大自然的芬芳,看看周围真实的美景。低头看看自己的脚,体验行走时双脚与大地的接触,无忧无虑,也不会分心。吸气,呼气。这就是所谓的佛性——对周围环境的充分认识。想象在你之前走过这条路的人,不是昨天或上周,而是几百年前。当你充分融入周围的环境时,你的大脑并非空无一物,也不是静止不动。相反，你大脑中的前额叶皮质，也就是负责思考和分析的部分，会得到应有的休息，让你进入一种存在的状态。

正念进食。进食时要专注。要全神贯注地吃东西。不要被手机分心，也不要想接下来一天的事情，专注于当下。该吃的时候就吃，而且要一心一意地吃。因为饭菜是为你准备的，所以你也要为自己的饭菜做好准备。以正念存在的状态进食，用正念享受每一口食物。带着感恩进食。有太多的东西值得感恩——食物本身，准备这顿饭的人，种下的种子和长出的庄稼，供作物生长的土壤，助力这一过程的阳光和雨露。日本的饮茶礼仪就是日常生活中正念的典范。它被称为"茶道"或"茶之道"，其基础是"一期一会"这一永恒的原则，意思是"一次机会，一次相聚，仅此一次"，或者说充分享受每一刻，因为这可能是我们仅有的一天。这是一种精神修炼，旨在通过发自内心地备茶，与自然和谐相处，让自己拥有平和的心态。它基于清净、宁静、和谐和尊重这四种原则。这种茶道是一种巧妙的隐喻，象征了永恒的原则：以简单、友善和体贴的方式充实、用心地生活。

正念时刻。正念时刻是一种微小的冥想动作，只持续三次呼吸的时间。例如，专注地扭动脚趾、缓慢呼吸、感受指尖或者真正去看眼前的人。这些专注的时刻能培养你的平和镇静的心态、自我意识、好奇心、平静的满足感和创造力。在刷牙等其他时刻也要保持专注，享受这一两分钟的练习，用心刷牙，不要被接下来的事情分心。感恩这种练习，感恩有牙可刷，感恩能以这种方式照顾自己的牙齿。这是给自己的一个挑战。每天要有一百个这样的"正念时刻"，持续一周。我敢打赌，生活中熟悉你，但不知道你接受了这些挑战的人，会注意到你的变化，并发表评论。

这里有一个简单的练习,可以帮助你在日常生活中变得更加专注。

○ 列出你能看到的五种东西。
○ 列出你能听到的四种声音。
○ 列出你能感受到的三件东西。
○ 列出你能闻到的两种东西。
○ 列出你能尝到的一种东西。

正念观察。在你所处的环境中挑选一些东西,可能是厨房里的一件物品、户外花园里的一朵花,甚至你的手掌。注意观察这个物体。带着好奇心看它,就像第一次看到它一样。注意它的质地、形状、明暗、起伏和轮廓。

正念偈语。偈来自梵语,意为"歌曲"或"诗歌",是一种简短的诗歌或散文表达方式。它需要你在大脑中随着呼吸的节奏默念(而不是大声说出来)。它将你的专注意识更充分地带入当下和不久的将来,目的是让隔行的偈语匹配你的内外呼吸。试试下面的练习:

吸气:我拥有我的呼吸。

呼气:我微笑。

吸气:我让身体平静下来。

呼气:我微笑。

211

记住这四句能引起你共鸣的偈语。在你有意识地进行体验,比如在大自然中漫步、聆听鸟鸣或品尝咖啡时,对自己念诵这四句偈语。你重复这种练习时,要关注自己是如何进一步深入当下的正念存在,真诚感恩当下这一刻。

正念呼吸。在你作为一个美丽的小婴儿来到这个世界上后,你做的第一件事就是呼吸。而你在这个世界上做的最后一件事就是呼出最后一口气。呼吸对生命本身至关重要,是人类最自然的事情之一。吸气是为身体的每个细胞带来氧气、生命和活力,呼气则是以二氧化碳的形式排出体内的废物。正常情况下,你每分钟呼吸12~16次,无须任何努力,也不会有所察觉。这只是你的一种本能反应。虽然这一过程受到大脑自主神经的控制,但你可以影响自己呼吸的速度、深度和自主程度。正念呼吸最简单的方法就是关注自己何时不再关注。当你感到有压力、焦虑或心烦意乱时,只需接受正念存在,你就会感到平静、不费力,也不紧张。

让自己暂停一下:

暂停:暂时停下自己正在做的事情。

意识:觉察自己现在的身心感受,你可能感到紧张或焦虑,你的肩膀可能会绷紧。

理解:理解并欣赏自己与正在经历的感受是分离的。想象生命之河在自己面前流淌。你正在观察自己的紧张和焦虑情绪,明白自己与它们是分离的。

简单呼吸:从鼻尖深吸一口气到肺底部,稍作停顿。

呼气：完全用鼻孔呼气，慢慢地、平稳地呼气，直到排空你肺部的空气。当你呼气时，你所有的紧张、有害压力和焦虑感都会被排出体外。然后在呼气结束后稍作停顿。现在重复这一过程。

每分钟进行四到五次这样的呼吸，一天中最多持续10分钟。也可以在上班途中做几分钟，在重要会议或电话会议前后做一两分钟，在回家的路上做几分钟，晚上也可以做几分钟。事实上，躺在床上慢慢呼吸也能让你的大脑放松，让你通过睡眠更好地恢复精力。而且这样做非常简单——随时随地，无须特殊设备，也不需要去健身房！"暂停一下"能安抚大脑呼吸中枢附近杏仁核（情绪警报中心）的应激反应。这可以抑制减少焦虑或有害压力带来的压迫感，让你的情绪更加平和、冷静和镇定，也能减少不堪重负或情绪衰竭的感觉。

从心理学角度讲，有意放慢呼吸速度能很好地提醒你，你掌控着自己，就像你掌控着自己的呼吸一样。你会清楚地认识到，你可以将注意力集中在当下，你可以选择在任何特定时刻做出特定回应，而不是只能被动地做出反应。正念呼吸就能让你做到这一点，全神贯注地度过每一刻。当你把注意力集中在当下时，你的大脑会变得更加清晰、更加专注。打破你的"情感脑"对思维的固有控制，你可以更清晰、更有逻辑地进行思考，不容易分心，做出更好的决定。正念呼吸会让你平静和满足，这种感觉会渗透到你全身的细胞，让你得到一种内在的安宁。

从生理学角度讲，养成有规律地放慢呼吸的习惯可以揭高心率变异性。较高的心率变异性反映出更强的抗压能力，而研究表明，较低的心率变异性与抑郁或焦虑加剧之间存在联系。[1]放慢呼吸可以建立内在联系，因为正念呼吸可以将你的身体和心灵合一。在许多方面，呼吸就像一座连接身心的桥梁，对身体和心灵进行精确调节，并实现密切整合。正念呼吸可以在整体上建立连接，加强身—心、肠—脑和心—脑之间的联系。

简单地回归呼吸，还能让你与周围的世界建立更深刻、更丰富的联系，看看不一样的东西，用不同的方式去体验。正念呼吸可以扩展你体验自然环境的深度和广度。当你花时间在大自然中进行正念呼吸时，你会对大自然的勃勃生机感受更深。当你对自己的呼吸和周围的环境更加适应时，你会体验到彻底的放松和宁静。太阳升起时漫步于树林，斑驳的阳光透过树叶，溪水缓缓流过，这时你可以尝试通过正念呼吸"暂停一下"。

最后，"灵感"一词来自拉丁语 inspira，意为"精神上的"。当你的灵感迸发时，你的呼吸就会与你的精神和目标相连。以这种方式有意识地感知自己的呼吸，可以成为一种宝贵的提醒——提醒自己存在的意义，为什么自己在这个世界上很重要。在呼气时加入一句简短的话或曼陀罗词语会有额外的好处，也许只是一个单词，如"和平"、所爱之人的名字或一些能引起你共鸣的词。

正念呼吸恰到好处地提醒你，你的存在不仅是为了自己，也是为了那些重要的人。因此，对实现自我保健效果需要的活力来说，正念呼吸

---

[1] P.R. 斯特芬、T. 奥斯汀、A. 德巴罗斯和 T. 布朗（2017）。《共振频率呼吸对心率变异性、血压和情绪指标的影响》，《公共卫生前沿》，5，222。

是一个关键因素。如果你不认可自己的存在，你怎么能爱自己呢？如果你不认可自己的存在，又怎么能关爱他人呢？

总之，有意地放慢呼吸有许多潜在的好处。这一定是增强你的正念和整体活力最简单、最有效的习惯之一。当你更多地采用正念呼吸时，你的自我会进一步融入生活。当你在生活中更真实地存在时，生活也会赋予你更多的存在感，这就是阴阳互惠。自己试试看吧！

正念平凡。洗碗被认为是一项非常平凡的任务。在一项实验中，人们在洗碗前被分为两组——一组阅读关于专注地洗碗的信息，另一组阅读关于清洗碗碟的一般信息。[1]完成任务后，第一组人体验到了更多的正念存在，对手头工作的专注度更高，对工作本身也更投入、更有灵感、更感兴趣。

想一想你目前开展的许多日常活动——我敢肯定，绝大部分活动，你做起来都是漫不经心，就像其他人一样。你能否选择更用心地完成其中一些任务，从而为自己的健康带来好处？考虑一下我们已经提到过的一些活动——开车、刷牙、走路、吃饭——然后反思一下，也许你可以选择更专注地完成这些活动。你是专心致志，还是满脑子都是令人焦虑的消极想法或令人心累的信念？你更关注自己能控制的事情还是不能控制的事情？

你能活得像一朵莲花吗？从佛教到印度教，莲花在许多东方宗教中都占有重要地位。它象征完美的平衡、优雅与平和。莲花的生长并不需

---

[1] A.W. 汉利、A.R. 沃纳和 V.M. 达希里等（2015）。《为了洗碗而洗碗：对非正式正念练习的简要指导》，《正念》，6，1095–1103。

要绝佳的条件。远非如此：莲花从淤泥（黑暗、艰难的时期）中生长出来，代表顽强的生命力。它轻轻地漂浮在水面上，象征着简单、静谧和安详。它没有高高地伸向天空，桀骜不驯地自我标榜说"看我"，而是保持低调和谦逊。它满足于放下期望。莲花既与它自己的目标紧密相连，又超脱于外部世界。这是生活本身的一个美妙比喻——放下期望、有权获得的东西，摆脱桀骜不驯的自我，简单地做自己。"你怎么能如此美丽却又如此谦逊？你怎么能如此强大却又如此沉静？你怎么能如此激励他人，却又安于做自己？"莲花回答了这些问题。它就是答案。它存在。它专心做着自己的事情。它崇尚正念存在。它不大惊小怪，没有大张旗鼓。它只是一朵美丽的花，不需要任何东西来提醒它自己有多么独特和美丽。

就像你一样。

正念选择

疾病是身体的障碍，但不会影响你的选择，除非你自己这样选择。跛脚是腿部的障碍，但不会影响你的选择。无论发生什么都对自己这样说，那么你就会认为这些障碍针对的是其他事物，而不是你自己。

——爱比克泰德

爱比克泰德起初是一名被囚禁的罗马奴隶，通过他的著作，我们可以看出他凭借斯多葛派的坚韧精神活得很充实。虽然他一生中的大部分时间都是一个跛子,既没有家人,也没有自由,但他完全接受并淡然处之。尽管他的外部世界充满奴役,但进行"正念选择"后,他的心态使他获得了内心的自由。他的重要经验之一是:"有些事情由我们决定,有些则不由我们决定。"他说的另一句话是:"不明事理的人才会把自己的糟糕状况归咎于他人。"问题的关键是,要认识到少数事情受你控制与许多事情不受你控制之间的重要区别。对我来说,爱比克泰德的教诲提供了一条切实可行的道路,能帮助你度过人生中美好和不那么美好的时光。

这让我想到了两个圈子的概念:关注圈和控制圈。它们都在"争夺"你的注意力。当然,你的注意力在哪里,你的精力就会转向哪里。

关注圈代表了生活中你无法控制或影响你的许多事情,然而它们却会吸引你大量宝贵的精力和注意力。在这个充斥着无尽噪声和数据干扰的世界里,在关注圈里消耗宝贵的注意力、精力和时间变得前所未有的容易,结果就是你会得到更多使你焦虑的担忧和有害压力。在关注圈中,你可能会成为过去的囚徒——受困于过去的遗憾、失败和挫折。一个自己思想和自我设限的囚徒,满脑子都是"跑马灯式"的令人焦虑的消极想法。关注圈会驱动消极的思维模式,包括完美主义、期望、不知餍足或无休止的借口(我称之为"借口病")。关注圈关注的是缺点、失败和"哪里出了问题"。它会助长你的恐惧,加剧你的焦虑,增强你的自卑感和压力,使你陷入负面比较。在你的关注圈中,可能有很多事情,比如过去、他人对你的看法或评价、他人的行为、天气、经济、新闻、社交媒体上的"赞"和评论。你是否发现自己被困在过去、原地踏步或者被挫败感缠住了呢?如果是这样,你是否在关注圈中花费了太多时间?

当然,生活中有一些重要的事情值得你去关注,其中包括你的健康、你所爱的人以及重要的社会政治问题。需要关注的事情很多，假装不关心这些事情是痴心妄想。幸福从来不是否认现实。然而，重要的是不要因为在这上面投入了过多的注意力和宝贵的精力而失去自信。爱比克泰德认为，每当你试图绝对控制自己的关注圈时——当然这是不可能的——压力和不必要的痛苦就会出现。不要因为被束缚，就期待他人或环境发生改变，这样反而会使你低估自己的潜力。多关注那些你可以改变和控制的事情，这就引出了第二个圈子。

在控制圈中，你选择更多地关注那些你可以控制的事情。专注于控制圈，你就可以与过去和解，放下纠结，顺其自然。理解你迄今为止学到的一切都可以在"研究与开发"的主题下被利用。更多地活在当下，拥抱变化，用心选择自己的行动和决策。控制圈能让你从每一次经历中获得勇气和信心，让你明白有勇气并不是没有恐惧，而是愿意克服恐惧，去追求对自己来说重要的东西。

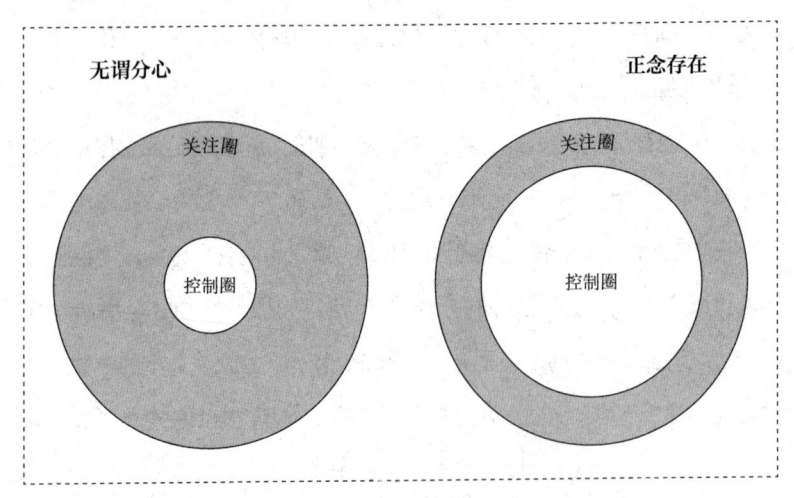

关注圈和控制圈

你更像温度计还是恒温器？温度计会对周围环境的温度做出反应。它是你关注圈的完美隐喻，始终对事件的温度做出反应，对你内心的思想和情感世界以及外部的经验世界做出反应。相比之下，恒温器会预先设置好一个温度，无论外部世界发生了什么，它始终不变。如果你专注于自己的控制圈，无论外部天气如何，你内心的温度都会保持恒定！

在此提醒你，有些事情其实是可以控制的：

○态度和心理定势。

○长处和价值观。

○从压力中恢复和"充电"。

○你关注的想法。

○自我对话。

○放手与宽容。

○在媒体上曝光（主流媒体和社交媒体）。

○阅读的书籍。

○致力于自我发展和学习。

○自我保健习惯：锻炼和运动、睡眠质量和数量、营养。

○善良与同情心。

○感恩和感谢。

○你接触和联系的人。

○正念练习和冥想。

○充满活力的生活。

活出生命力

你在控制圈中花费的时间越多,你的关注圈就会越小,而你的控制圈就会越大。从本质上讲,你学会了选择如何应对,与此同时,你做选择时的主动性也会更强。你会接受关注圈的某些方面,同时理解这两个圈子之间的区别。爱比克泰德的教诲提醒我们,不要因为自己无法控制一些事情而烦恼、沮丧,也不要把精力浪费在自己无法控制的事情上。相反,我们要放手,学着接受。对自己的控制圈——自己的思想和信念——负责,而不是指责他人或推卸责任。这就是个人"反应能力"(response-ability)的概念——你做出反应的能力。

我之前提到过爱因斯坦关于友善与充满敌意的世界的理论——如果你相信自己生活在一个友善的世界中,你就会采取相应的行动,并积极寻找证据来支持自己的世界观。然而,如果你相信自己生活在一个充满敌意的世界中,那么你的关注圈和生活中就会出现更多类似的情况。无论如何,尽你所能改善自己和这个世界。同时,也要认识到自己有所能、有所不能。虽然你始终能控制与影响自己的行为和反应,但你几乎无法控制其他事情。

作为一名医生,我遇到过很多在"放手"这个问题上挣扎的人。有时,这是完全可以理解的——放手可能是人生中最难做到的事情之一。与此同时,它也可以带来惊人的活力和解脱感。心理咨询或谈话疗法,尤其是由受过适当培训的治疗师实施的认知行为疗法,可以帮助你以不同的方式看待问题。因此,如果你正在遭遇情绪障碍、"跑马灯式"的令人焦虑的消极想法,或者只是在生活的某些方面感到困惑,那么这种疗法就非常有效。放手和顺其自然。学会放下过去的痛苦或对未来的焦虑。放下有害压力或世界上的消极噪声,放下事无巨细地管理他人或控制事态发展的需要。取而代之的是，专注于自己有意识的选择，让自己在这个世界上更有存在感，选择把自己的注意力从自己的关注圈转移到自己的控制圈。

从亚里士多德和孔子的著作到《圣经》《薄伽梵歌》和《古兰经》，对历代饱含智慧之书的分析表明，每种文化和宗教似乎都有六种共同的核心特征或美德，即：勇气、公正、人道、节制、超越和智慧。这些美德又被进一步细分为如下24种性格优势。

○勇气：勇敢、坚毅、诚实、热情。
○公正：领导力、公平、问责、平等。
○人道：爱、善良、社交智慧、共享。
○节制：谨慎、谦逊、自律、宽恕。
○超越：灵性、幽默、感恩、希望。
○智慧：好奇心、创造力、热爱学习、洞察力。

这24种优势在每个人身上都有独特的存在和配置，形成了每个人独特的性格特征和身份。虽然你有潜力表现出所有这些优势，但你的优势的独特组合有助于造就你这个人。当然，你的优势会随着时间的推移而改变，而且你有很多方式利用这些优势。打个比方，你手指上的纹路以独一无二的方式构成你的指纹。大多数人都有几种他们最容易被认同的关键优势，这些优势让他们充满活力，让他们感到兴奋，让他们感觉自己是真实自我的一部分。这就是所谓的标志性优势。但是，你是否只关注自己的弱点而非优势，关注自己的问题而非长处？如果是这样，也是完全可以理解的，因为你的人脑天生就能觉察到恐惧、焦虑，并在生存的首要目标下避免不适。学着关注自己的长处可能会让你觉得有违直觉，因为现实生活中大多数人都倾向于关注自己的缺点和瑕疵。此外，将自己的长处和成就视为理所当然也很常见，同样司空见惯的是，把自己与在某一特定领域比自己强的人进行比较。

想象有一只美丽的天鹅，优雅和毫不费力地在湖面上滑翔。在他人看来，天鹅是力量和宁静的象征，而天鹅自己可能对此毫不知情，她在水面上疯狂地划动双脚才能继续前进，完全没有意识到他人感知到的力量。对他人来说显而易见的东西，对你来说可能是一个盲点。如果你和很多人一样，你甚至可能根本不知道自己的优势是什么。选择基于优势的心态生活会带来诸多好处，但是，你首先要知道自己的优势是什么，其次要学会如何有意义地运用这些优势。选择强项而不是弱项，对你的整体活力和茁壮成长大有裨益。再看看性格优势清单。如果你对下面问题的回答是"是"，你就可以确定自己的标志性优势是什么。当你想到这一特定优势时，你：

○运用它时是否感觉充满活力、兴致勃勃？

○是否与自己的本质建立了密切的关系，无论是"真实的你"还是真实自我的某一部分？

○运用它时是否感到兴奋，尤其是在一开始的时候？

○运用它时是否充满热情、情绪高昂？

○是否想围绕它展开探索？

○第一次运用它时是否经历了一个曲线的学习过程？

○运用它时是否会受到鼓励？

以优势为基础的生活方式会让你的精神更加强大，让你做得更多，成为更好的自己。它培养了你的韧性，让你更有效地应对压力。优势支持你从成长的角度重新审视具有挑战性的经历，在面对生活的挑战时，心态从无望转变为充满希望，有意识地选择强大而不是错误的东西。随着你更清晰地认识和洞察自己天生的优势、能力，你就能做好充分的准备自我接纳，凭着自主意志向前，在实现目标的道路上取得真正的进步。

想象一下，一艘帆船在大海上航行，它有一张巨大的帆和一个漏洞：这个漏洞代表关键的弱点，必须堵住这个漏洞，船才不会沉没。然而，如果你把所有的注意力和精力都集中在漏洞上，虽然船不会沉没，但也不会快速前行。巨帆代表你的优势，而这些优势对于培养韧性、克服逆境、在世界上成为更好的自己至关重要。只有选择发挥自己的优势，你才能在充满可能性的人生海洋中扬帆起航。

经常运用自己的标志性优势，可以显著提高自己的快乐指数和幸福感，同时减少抑郁情绪，这些好处可持续长达六个月。优势可以提高你的参与度、生产力和工作满意度。与你的快乐指数和幸福感密切相关的优势包括感恩、希望（乐观）、爱、好奇心、热情，当然还有良好的人际关系。

例如，好奇心这个优势会鼓励你在各种情况下探奇穷异，有新的发现，实现个人成长。为了培养自己的好奇心，你可能会决定阅读一篇文章或观看一部纪录片，了解自己还一无所知的东西。你可能会与不寻常的人交谈，接触新的经验，尝试新鲜事物。培养好奇心的最佳方法之一是研究孩子如何与周围的环境互动，他们用好奇的眼光看待世界，更多

活出生命力

地依靠想象而不是记忆生活。巴勃罗·毕加索曾写道，他花了四年时间才画出拉斐尔那样的作品，却花了一生时间才画出孩子那样的作品。每个孩子都是艺术家，但挑战在于长大后如何保持艺术家和孩子的气质！

通过下面的问题，仔细审视你发现的优势，以及对这些优势的理解：

〇你意识到自己的优势了吗？
〇日常生活中的哪些方面能让你更好地发挥自己的优势？
〇哪些方面消耗了你的优势？
〇你的哪些优势能让自己变得更有活力？
〇说出你生活中的一个关键优势。
〇谁是你想要模仿和赶超的榜样？也许在勇敢和领导力方面是马丁·路德·金，或者在爱心方面是特蕾莎修女。

现在，试着从过去、现在和未来的角度审视自己所认同的某项优势。

〇过去：想一想过去你成功运用这种优势的时刻和情景。
〇现在：当前，这种优势在你的行动、思想和对话中是如何体现的？
〇未来：如何重新设计自己的生活，以便更好地利用这种优势？
〇为什么要在生活中培养这种优势？
〇这样做有什么好处？

○今天，你可以采取什么样的行动，以便在生活中更多地运用这种优势？例如，如果你的优势是善良，你能否愿意花一些时间做志愿者？

选择你的回应

我知道人们会忘记你说过的话，人们会忘记你做过的事，但人们永远不会忘记你给他们带来的感受。

——马娅·安杰卢

说到人际关系，祝贺胜过冲突。我的意思是，你选择如何祝贺他人和认可他人分享的"好消息"，会对改善人际关系产生重大的影响。这些消息可能包括工作中来之不易的晋升、个人成就，甚至人生旅途中偶然的"小胜利"。

谢利·盖布尔教授的研究发现，当有人与你分享好消息或走运的经历时，你有四种回应方式。[1] 这四种方式如下。

主动而有建设性

○口头表达：充满活力。鼓励、热情、投入，渴望了解更多。真诚、积极地回应。提出经过深思熟虑的问题，让对方能够分享更多细

---

[1] S.L. 盖布尔、H.T. 赖斯、E.A 因庞特和 E.R. 阿舍（2004）。《当事情顺利时，你会怎么做？分享积极事件对个人和人际关系的好处》，《人格与社会心理学杂志》，87（2），228—245。

节，仿佛重新体验、感受一遍当时的情景。表现出同情、理解、重视、交谊、尊重、兴趣和好奇心。

○非语言：积极的肢体语言、眼神交流、真诚的微笑、交谈时身体倾向对方。

例如："这真是个好消息，对你来说真是太好了。干得漂亮。我真为你感到骄傲。我知道这对你很重要。告诉我你刚知道时的感受。你是怎么想的？你打算怎么庆祝？"

被动而有建设性

○口头表达：有气无力，有点兴趣，但热情不高。轻描淡写。很少倾注情感。

○非语言：平淡，不投入或者缺少感情。有一些鼓励，也许是微微一笑，但显得没什么精神，可能是因为被手机之类的事物分散了注意力。

例如："真不错。祝贺你。"

主动而有破坏性

○口头表达：传达消极情绪，卖力强调这个"好消息"的坏处。轻描淡写。表示担忧和并无把握。贬低任何令人兴奋的消息，起到"扫兴"的作用。

○非语言：皱眉蹙额、瞪眼、咄咄逼人、武断。

例如："你疯了吗？你没意识到这会给你带来多大压力吗？我觉得这不是个好主意，太冒险了！"

被动而有破坏性

○口头表达：轻蔑，搅浑水，不专心，故意忽略分享的消息或改变谈话主题。不承认。

○非语言：没有眼神交流，转过头去，可能会看手表，甚至离开房间。

例如："晚餐吃什么？现在几点了？让我告诉你我有多厉害！"

只有第一种方式——主动而有建设性的回应，才有助于建立关系。实际上，如何分享和讨论"好消息"比如何争吵更能体现关系是否稳固。

当然，我们所有人都需要向他人倾诉，需要有人给我们真诚的建议和反馈。这非常重要，有助于我们在做重要决定时保持正确的方向。然而，当有人选择与你分享一些令人兴奋的好消息时，你最初的反应会极大地影响这段关系的质量和持续时间，可能会改善关系，也可能会破坏关系。主动而有建设性的回应，除了会影响你与对方的关系，还能传达你对对方分享的内容的认可。

这也被称为"资本化"，被认为是通过鼓励复述和分享积极事件来发挥作用。在充满活力的人际关系的阴阳平衡中，积极、投入的倾听（口头和非口头）有助于更有活力地发言和互动。因此，积极情绪会被重新激发，从而巩固记忆，赋予更多的意义。它能让你分享他人的喜悦，从而擦出火花，点燃一段更热烈的关系。它能建立信任、亲近感、好感，提高对关系的满意度。它的好处还包括让你的情绪更加积极、主观幸福感更强，获得对方的认可，加强对感知的自我控制，以及增强自尊，同时减少孤独和抑郁症状；使人际关系中的冲突减少，联系增强，

活出生命力

从而提高整体健康水平。主动而有建设性的回应是回应他人最有力的方式，有益于接受者、给予者获得幸福，同时改善整体关系。

当然，培养这种能力是一种习惯。随着时间的推移和大量的练习，可以培养和提高这种能力。在现有的人际关系中，你的许多反应都会受你以往经验的制约，也许你当时被很多事情分心，也许你面临很大的压力。因此，你的这些反应有时可能没有经过深思熟虑。想想你最近与他人相处的一些经历。对方向你分享过什么"好消息"呢？你是如何回应的？更积极、更具有建设性的回应可能是什么样的？把注意力放在表扬和肯定他人的细节上，天长日久，看看你的沟通能力和社交关系会怎样得到加强。选择在互动时更加用心，回应时更加积极和具有建设性。

斯坦福大学率先进行的研究（此后又被重复了一百多次）发现，写下自己的价值观是最有力的心理练习方式之一，可以让你更好地接受压力，培养韧性。[1] 这项研究的对象是放寒假回家的大学生，他们的任务是每天在家里写日记。第一组学生被要求写下对他们来说最重要的个人价值观，同时描述他们在日常生活中的事件与这些价值观的联系。第二组学生只被要求写下每天在他们身上发生的好事。在寒假结束，学生们回到斯坦福大学后，研究发现那些写下个人价值观的学生比那些只写下个人生活中好事的学生更快乐、更健康、更少得病，而且整体情绪更好。

那么，为什么写下个人价值观如此有益，会促进心理健康，帮助做出有利于健康的积极选择，提高恢复力和从压力中复原的能力呢？生活

---

[1] K. 麦戈尼格尔（2016）。《压力的好处：为什么压力对你有益，以及如何变得擅长应对压力》（重印版），艾利出版公司。

中发生的一些事情会带给你压力，因此，在日记中写下自己的价值观，能改变你看待这些事情的视角，从需要忍耐转变为帮助自己成长、加深自己对生活意义的理解。换句话说，它将你在日常生活中发生的事情与更大的"为什么"联系起来。它帮助你把自己的心态从悲观主义转变为更积极的乐观主义。你往往不再逃避，例如否认或拖延等，而是直面挑战。虽然你不可避免地会意识到挫折，但它并不是永久的，也不是你个人的问题，通过你的努力，就可以改善这种状况。它能帮助你更好地从以下角度看待工作或当前面临的压力：我怎样才能服务和帮助他人？我怎样才能更好地发挥自己的优势？我怎样才能有所作为？通过这种方式，例如，一位重视领导力的忙碌的教师，可以将自己的角色定位为下一代年轻人的激励者，而不仅仅是教学大纲、时间、进度等压力的承受者。总之，你会告诉自己一个与众不同的故事：一个让自己在压力面前不仅能够生存，而且能够茁壮成长的故事。

这项研究的迷人之处在于，只需花 10 分钟（不是每天或每周一次，而是就一次！）写下自己的价值观，就能显著增强自己的抗压能力，更好地管理面临的压力。给未来的自己写一封信，谈谈你的价值观、对你来说重要的事情以及你对生活的看法，就能帮助你养成好习惯，做出正确的选择，同时避免犯错。这样一来，未来的你与你的价值观就会更紧密地联系在一起，以此帮助自己实现"自我的连续性"。

你的故事处方

有句话说："在你的内心深处蕴藏着答案；你知道自己是谁，知道自己想要什么。"天性与教育之争的焦点在于,你主要是基因的产物还是教养的产物——你的遗传密码还是你的爱尔兰邮政编码!然而,还有第三个因素常常被遗忘:你对自己说了什么,或者讲述了什么故事。对于你现在的生活,你向自己讲了哪些故事?它们都是真实的吗?你的人生故事需要更新吗?你能讲述关于你和你的世界的新故事吗?

美国作家约瑟夫·坎贝尔写道:"你是自己人生旅途中的英雄。"虽然这条路往往充满挑战,有许多障碍需要克服,目的地也很少清晰可见,但归根结底,英雄的冒险只是生命的冒险。这是一堂宝贵的课程。虽然你无法改变自己的基因或成长经历,但你是自己人生故事的作者。当你重温或记起过去的事情时,你的大脑会从存储记忆的各个部分重新构建记忆。这不是简单地按下"播放按钮"重新回放记忆,而是重新构建记忆。在这个过程中,你的记忆可能会受到你回忆时的情绪和想法的极大影响。

你能通过有意识的选择,改变讲给自己的故事。其中一种方法就是用感恩的心态重新构建记忆。想想你过去不愉快的经历或遭受的伤害,一段艰难的时光、挫折或失望。现在,试着把注意力集中在这段不愉快经历的积极方面。换句话说,记住,你已经熬过来了!你已经完成了这项糟糕的工作。你已经走出了那段感情。你已经度过了艰难的时光,也找到了回归的路。回忆当时的情况(与现在的情况相比)会在你的大脑中形成鲜明的对比。人的思维是反事实的。与你的预期差距越大,你的情绪反应可能就会越激烈。这种反事实的倾向也可以解释,如果你失去了自认为应得的东西,为什么你会感到如此痛苦。

这一人生大事的结果:

○发生过哪些让你心存感恩的事情，即使当时你并不这样想？你如何从中受益，变成一个更好的人？

○它如何让你更加珍惜生命中重要的人和事？它如何帮助你更清醒地看待自己的人生？

○你能意识到现在的情况原本可能会更糟糕吗？对比当时和现在的情况，你是否会心怀感恩？你现在的生活改善了多少呢？你现在抱怨的事情真的很多吗？

当你怀着更多的感恩重新构建经历时，你就会用充满感恩的方式做出回应，减少消极情绪的影响，让负面事件产生更积极的后果。从心存感恩的视角重塑经历既不是否认现实，也不是一种肤浅的乐观自信。它能让你真正有意识地做出选择，重新定义挫折以追寻目标和意义，将负面经历转化为感恩之心和成长的机会。简言之，就是给自己讲一个不同的故事。

在《活出生命的意义》一书中，维克多·弗兰克尔描述了一个人在奥斯威辛集中营和其他纳粹集中营中挣扎求生的故事。在我看来，这是有史以来最伟大的图书之一，在我的书单中名列前茅，它让我重新找到了目标和意义。弗兰克尔在书中没有详细描写纳粹分子荒谬行为的细枝末节，但他对自己日常遭受的苦难的描述足以让人毛骨悚然，他对人类残酷行为的描述几乎难以想象。他面对苦难时的谦逊和坚韧，是每个人应对生活挑战的榜样。用他的话说，"我们对生活有什么期待并不重要，重要的是生活对我们有什么期待。我们的答案必须是正确的行动和正确的品行"。弗兰克尔最根深蒂固的价值观之一是助人为乐。在集中营中，他允满同情地倾听其他被关押人员的悲惨遭遇，用善意的话语激励他们。他一直努力帮

活出生命力

助其他被关押人员减轻痛苦，照顾病人和濒临死亡之人。最重要的是，他帮助他们与自己内心最深处的价值观建立联系，让他们能够找到一种意义感，给予他们活下去的真实力量。弗兰克尔始终保持着冷静、沉着和富有同情心的态度，呈现出敬畏和希望的光芒。他始终愿意把他人的需要放在自己的需要之前，他的忍耐力使他与众不同。也许他最伟大的教诲是，选择在自己的生命中培养目标和意义，这会带给自己"理由"去面对任何"遭遇"，无论后者多么严峻或艰辛。"当我们无法改变现状时，我们就被迫改变我们自己。"尽管弗兰克尔身处悲惨的环境，但他明白，他在任何时候都有权选择如何应对。从某种程度上讲，他觉得自己比纳粹看守者更加自由，因为他可以做正念选择。

这也提醒我，生活在一个和平安宁的地方是多么幸运。和平是一种心灵的选择，是一种内在的承诺，每天从自己的内心开始选择和承诺和平。

正念成长

不要以我的成功来评判我，而要以我跌倒多少次又爬起来评判我。

——纳尔逊·曼德拉

没有人是刀枪不入的，也没有人能免于被倦怠的火焰燃烧。每个人在生活中都会遇到一些挣扎和挫折。任何人的生活都不可能总是一帆风顺。我曾面对过一些挑战，包括一次纵火袭击，烧毁了我的第一家诊所。在发展和经营业务的过程中，我也会遇到一些常见的波折。几年前，我经历了情境性倦怠。那是一段充满挑战的岁月，但事后我对当时经历的那些艰难困苦心存感激。我知道，与许多人在生活中经历的逆境相比，这些只是"绊脚石"。与倦怠擦肩而过，成为我换一种方式看待事物的突破口。我花时间撰写《幸福的处方》一书，从这个新起点出发，加深对自我韧性的理解，找回自己与生俱来的优势。我重新发现了自己的本质，找到了服务他人的目标。有趣的是，一旦你对事物有了不同的看法，你就再也回不到从前了。精灵一旦从瓶子里出来，就再也无法把它放回去！改变看待事物的方式成为一种催化剂，促使我获得全新的视角和意义，刺激我进一步成长。

恢复力的好处

海豹突击队队员的理念是恢复力和反脆弱性的完美典范。在巨大的行动压力下，许多互相冲突的需求在"争夺"他们的注意力和专注力，而他们却能做到游刃有余，同时保持高水平的社交能力。对他们大脑进行的磁共振成像扫描显示，他们大脑前额叶皮质中被称为脑岛的部分被激活，而我们已经知道脑岛是参与压力信号管理的脑区。

作为一个集体，海豹突击队队员至少表现出坚韧不拔者的七个特征。它们是：冷静、创新、不武断，果断行动的能力，坚韧，良好的人际关系，诚实，自我控制，乐观和积极的人生态度。

纳西姆·尼古拉斯·塔勒布在他的《反脆弱：从不确定性中获益》一书中，将"反脆弱"一词定义为描述一个人就像海豹突击队队员一样，懂得压力只是生活的一部分，而如何应对压力才是最重要的。

活出生命力

我喜欢"反脆弱"这个词，对我来说它象征着正念成长的理念。能够拥抱压力，改变心态，用新眼光看待生活中不可避免的挫折和困难，将其转化为成长的机会。要明白，积极的心态能让你看到更多的机会，而消极的心态只会让你看到更多的障碍。

我住在爱尔兰，那里的酸性土壤是山茶、木兰和杜鹃等植物的天堂。几年前，我花园里的一株山茶花十分憔悴，看起来即将凋零——春天一朵花也看不到。老实说，我已经完全放弃它了，正准备把它扔进堆肥堆里，这时一个朋友建议我把它修剪得矮一点，到离地面只有几英寸的地方，看看会发生什么。事实证明，这是一个很明智的建议！三年过去了，这株山茶花茁壮成长，十分繁盛。一年一度的秋芽预示着即将到来的春花盛会。这也提醒我们，生活中出现的每一片乌云中都孕育着正在成长的种子和新生的绿芽。如果你心胸开阔，就能看到成长的机会。确实如此！

在你的生活中，"压力"一词对你来说意味着什么？你认为压力是有害的还是有益的，是会损害健康还是有益于健康？你认为应该消除压力还是接受压力？如果你和大多数人一样，那么我可以清楚地听到你的回答——因为人们普遍认为，压力是无声的杀手，是心理健康、身体健康和情感活力无处不在的破坏者。事实上，世界卫生组织将压力描述为21世纪的一种健康的流行病，并通过大量数据强调了有害压力的潜在影响。很多时候，与其怀疑压力的影响，不如想想它到底对大多数慢性疾病有多大的影响。

每个人都会面临一些压力，这是生活的一部分。对一个人来说是压力，对另一个人来说可能不是。虽然你可以在研究中测量压力激素的客观分泌水平，但在日常生活中，你感受到压力的程度才是最真实的。

阅读这部分时，如果用 1～10 分来衡量你当前面临的压力水平，你会给自己打几分？如果超过 7 分，那么你就处于红色警戒区。许多人认为生活中的压力过大会影响健康。医生也没有什么灵丹妙药。在医疗行业，职业倦怠的程度前所未有。

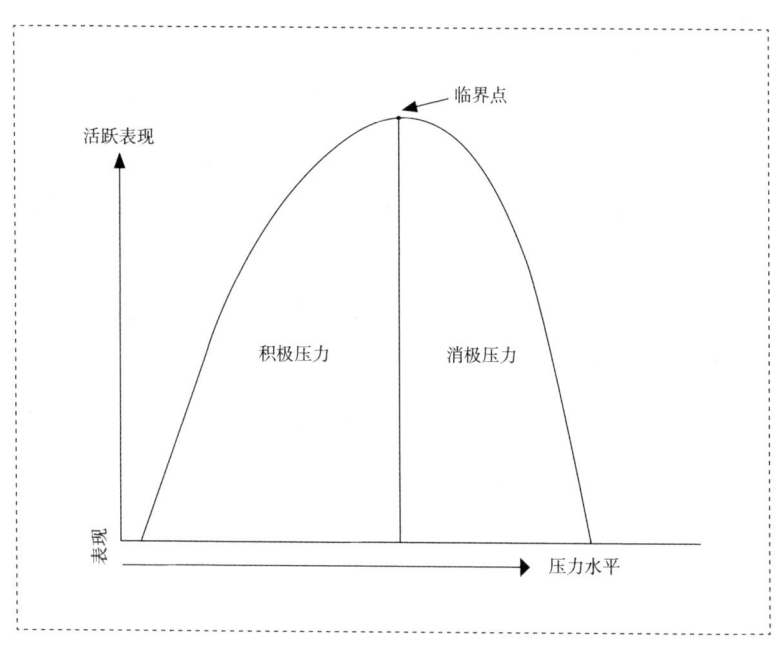

压力临界点

应激反应对生存来说至关重要。然而，当这种反应反复或长期出现时，你承受的压力就越过了最佳临界点，进入了有害压力的范围。

恢复力的科学

当有害压力积累到一定程度时，就会消耗你的能量、引起你的疲劳、削弱你的免疫系统，从而让你更容易受到感染。它会导致胰岛素分泌水平升高、食欲增强、腹部脂肪增多，引起细胞炎症，从而增加血压升高、罹患心脏病和糖尿病的风险。有害压力会加重焦虑、抑郁和倦怠。压力会降低你的注意力、记忆力和工作效率，同时消耗你的意志力。慢性有害压力会腐蚀你的大脑，损害你的记忆中心（海马体），使你的大脑变得更僵硬，适应性降低（神经可塑性降低），同时会阻碍新脑细胞生长（神经发生减少）。

当情绪警报中心（杏仁核）随意启动时，它会通过建立新的大脑连接来占据你的海马体，从而变得更加强大。这导致记忆被打上了恐惧和有害压力的烙印，从而影响你记忆中的情境和你回想记忆的视角，并使情绪陷入恶性循环。

然而，就像应激反应会释放皮质醇和肾上腺素等强效应激激素一样［这是战斗、逃跑或"冻结创伤反应"（freeze response）的一部分］，应激反应也会释放催产素，从而让人产生共鸣、关怀、同情以及接触和联系他人的意愿。

此外，哈佛大学最近的研究发现，催产素可以治愈被压力激素破坏的心脏受体。[1]这就是自然平衡的作用——在有害压力的阴性作用下，发挥了促进健康的阳性作用。这就是生物学和自然界的特点。万事万物都有一种内在的平衡感与和谐感。只有当你认为压力长期存在并超过临界点时，它才会对健康造成危害。

1　M. 扬科夫斯基、T.L. 布罗德里克和 J. 古特科夫斯卡（2020）。《催产素在心血管保护中的作用》，《心理学前沿》，11，2139。

斯坦福大学多年来一直在研究与压力相关的心态。除了研究人们对压力的看法，他们还测量了一系列指标，包括压力激素分泌水平、人们如何管理压力以及整体健康状况。[1] 这项研究揭示了三个有趣的发现。首先，如果你经历了我所说的压力的"三个 I"——信心不足（inadequate）、被忽视（invisible）、被孤立（isolated）——那么压力就更有可能对你造成伤害。

其次，那些认为压力有益的人在工作中更高效、快乐，更少抑郁，更有信心应对生活中的挑战。他们在生活中奋斗时体验到了更多的意义，总体上对生活更加满意。再次，研究发现，认为压力有益的人与认为压力有害的人会经受同样多的压力。不同的是他们的心态。也许你期望的效果往往就是你获得的结果，而这一点可以让一切都变得不同。关键是要有策略地进行恢复和恢复性"充电"，以此来接纳压力，而不是简单地试图消除压力（既不可能，也没有必要）。这样，你就更容易将生活中的挫折和障碍视为机会，获得成长和新视角。理解在生活中需要一定程度的压力，你才能不断前进，展现出最佳状态。

实践出真知

案例研究时间。在外界看来，康纳是成功人士的典范，他几乎拥有一切。他拥有商学学位和备受认可的工商管理硕士学位，在欧洲"新硅谷"都柏林成功创办了一家新公司。康纳可谓出类拔萃。现在，他是一

---

[1] K.麦戈尼格尔（2016），《压力的好处：为什么压力对你有益，以及如何变得擅长应对压力》（重印版），艾利出版公司。

活出生命力

家全球性科技公司的高级主管,经常出差,他的意见也备受追捧。康纳与凯瑟琳结婚,育有两个年幼的孩子,他住在都柏林南郊绿树成荫的富人社区。他开着一辆新车,拥有健身房的专属会员资格,扣除房贷和其他生活费,每年还能负担得起一两个愉快假期的花销。从表面上看,康纳的生活已经获得了"盖章认定",似乎代表了世俗性成功的秘诀。

不过,从表面上深入探究就会发现,裂缝已经出现。康纳在学校里总是成绩优异,有人还说他是个完美主义者——一切都不够好。这些完美主义的特质伴随着他的一生,让他在企业界不断攀登阶梯。他不安于现状,总是眺望前方。他对自己的要求很高,上大学时经常在考试前"通宵达旦",在企业界经常为了完成重要任务牺牲睡眠。这种生活方式和心态的另一面是,康纳很少感到满足。他缺乏成就感,经常自问:"这就是生活的全部吗?"

此外,睡眠不足、在令人发疯的时间举行电话会议也损害了他的健康。他不记得上次锻炼是在什么时候,体重在过去两年里增加了约10公斤。他的精力消耗殆尽,在家庭和工作中开始感到疲惫不堪。事实上,他发现自己的整体注意力和对项目细节的关注度都有所下降。随着他的工作越来越多,他完成的工作却越来越少。当他每天早上睁开眼睛迎接新的一天时,他越来越觉得自己就像一个无休止地运转的车轮上的齿轮。他越来越努力地工作,但这个办法已经不再有效。康纳越来越感到烦躁和无法忍受。在家里,他和凯瑟琳的争吵越来越频繁、激烈。激情消失了。

这就是康纳的不为人知的故事。当他最终来见我时,他已经到了崩溃的边缘。我已经很久没有见到康纳,但他与我记忆中几年前见到的那个精力充沛、生气勃勃的康纳相比,已经相去甚远。多年来,他牺牲了对自己的照顾,现在他付出了代价,他坐在我面前,眼里噙着泪水。我听着他讲述那些不眠之夜,他的自我意识是如何减弱的,以及他的自信、自我价值和自尊是如何慢慢被侵蚀的。他说他一直有失败的感觉,还描述了自己的崩溃感。他对未来不仅没有信心,反而有一种恐惧感。他的生活无疑在走下坡路,他感到身体、心灵和情感都承受重压,已经没有什么可以付出的了。我想就是这样——最重要的是,康纳感到空虚。

他需要支持来摆脱那些黑暗的日子;为了重回正轨,他不仅需要休息一段时间,还需要一个疗程的药物治疗和谈话治疗(心理咨询)。随着时间的推移,我与康纳一起工作,帮助他一步一步地取得了微小的改善,让他专注于进步而非完美。他了解了写日记的好处,以及充满感情地写作是如何引领自己以不同的方式看待问题的。他的自我意识变得前所未有的强大,能够理解消极想法和习得的行为模式是如何阻碍他前进的。他重新审视问题时更加积极、从容,韧性也有所增强,建立了实事求是的乐观态度。他还学会表达感恩,把这当成消除有害压力和敌对情绪的一剂良药。

康纳为自我更新和个人发展设立了一些个人目标。他明白行胜于言的道理,因此他重新培养了积极健康的习惯,如恢复性睡眠、有氧运动和健康的饮食,践行自己重获健康和活力的承诺。他了解到了正念冥想的好处:通过创造静默和静止的机会,他听到了自己内心真实的声音,也找到自己存在的意义以及自己为什么重要。

我记得几个月后我又见到了康纳,我很高兴地说,他走上这条路真的很有勇气。用他自己的话说："我的精神崩溃成为我真正成长的突破口。我在一天中创造了我所说的微小的积极时刻。例如，喝咖啡时短暂休息一会儿，吃完午餐后通过散步的方式舒展双腿，放慢速度呼吸一两分钟。还有更多地关注当下的改变。我开始敞开心扉，向他人分享我的故事，同时成为一个更好的倾听者。我减少了在媒体和人际关系中接触负面噪声。更重要的是，我意识到健康是无价的，要行动起来呵护健康，这样我身边的每个人都会受益。我明白了要为自己的选择负责，只有自己能做出这些改变，重新掌控自己的生活。"

康纳对情绪的感知变得更加敏捷，他学会了不加判断地审视自己的情绪，无论好坏。他能够重新开设一个充满积极情绪的丰厚"情感账户"，支持自己充分利用大好时光，以坚韧不拔的精神应对艰难时刻。最重要的是，康纳懂得了如何从自己的经历中成长，选择正念成长。

恢复力的处方

我相信，从你承认并接受现实的那一刻起，恢复过程就开始了。直面和接受逆境会带来成长。否认逆境或者压抑情感，只会导致更多的痛苦。接受你能控制和不能控制的事情，是一种解放和情感上的释放。"接受"成为一个新的起点，从这个起点出发，一个选择接着一个选择、一步一步、一天一天地向前迈进。这是心态从匮乏到富足，从"我失去了什么"到"我如何才能成长"的转变。

你的任务是从压力中恢复过来。换句话说，你对有害压力的反应和定期"充电"的能力是预防其负面影响的关键。与其试图消除压力，不如学习更多接纳压力的技能。这里有一些策略可以帮助你进行这种练习。

认识自己面对压力时的心态：要明白有压力既不是好事也不是坏事。你该如何看待压力？它是有害的还是有益的？

重新构建：写书面日记可以让你从成长、意义和人际关系的角度重新定义经历、挫折和逆境。成长不是来自创伤本身（当然，创伤本身是不好的），而是来自对创伤的反应，即变得更强大、更善良、更有韧性。问问自己：你能从这种情况中学到什么？你如何以这次经历为契机获得成长？

古代的哲学家通过三种不同的视角来审视经验。首先是"长镜头"：一年之后，我现在关注的这个问题还重要吗？如果不重要，我为什么要如此关注它？其次是"反向镜头"：从对方的角度看，这个问题会是什么样子？他们在哪些方面可能是正确的？再次是"广角镜头"：生活中会发生一些我无法改变或控制的事情，那么，如何让这次经历成为我学习和成长的机会呢？

正念选择：选择将自己的注意力更多地集中在自己可以控制的事情，以及自己可以采取的积极行动上，这是一种赋能，也是在建立自主性——这是获得幸福感的一个关键变量。换句话说，关注控制圈而不是关注圈。

正念乐观主义：研究人员询问了美国人、印度人和加拿大人，他们认为人生是漫长还是短暂，是容易还是艰难。大多数人认为人生短暂而艰难，只有八分之一的人认为人生漫长而轻松。研究发现，这些乐观主义者明显更快乐，也更愿意为慈善事业奉献自己的力量、参加投票以及在当地社区做志愿者。正念乐观主义者能够承受压力，直面挫折，并将其视为成长和学习的机会。正念乐观主义者具有强大的恢复力，坚韧不拔，永不止步。正念乐观主义者不相信童话故事，他们的乐观主义建立在自己的努力之上。我把正念乐观主义称为生活中的"机遇之氧气"。

当然，正念乐观主义或现实乐观主义是一种信念，认为事情会变得更好，因为你会为此做些什么——你每天都会选择把杯子看成半满而不是半空，把绊脚石变成机遇的垫脚石。正念乐观主义在一定程度上来自你对好结果的普遍期望（我称之为"倾向乐观"），以及你如何理解和解释好消息和坏消息。乐观主义者与悲观主义者的主要区别在于，乐观主义者认为生活中的挑战是暂时的、可控的，并且只是一种特例。更重要的是，乐观主义者并不认为这是针对他个人的。

悲观者则会假设三个以 P 开头的单词：

○ 个人化（personalised）——"这是我的错。"
○ 普遍性（pervasive）——"这对一切都有影响。"
○ 永久性（permanent）——"它将永远存在。"

正念乐观主义者更容易低调地处理消极想法和感受，采取更好的应对方式。他们会制订计划并坚持不懈地执行，而且做事更有韧性。正念乐观主义者把挫折理解为生活中不可避免的一部分，与此同时，他们更擅长度过挫折期，并将其视为让自己成长和最终变得更强大的机会。用正念乐观主义的视角看待世界，可以强化免疫系统，促进身体健康。与同样健康但悲观的人相比，主观幸福感较强的人更有可能在生活中获得更好的感受。目前还不清楚为什么乐观对人的活力如此有益。也许是由于压力激素和炎症标志物水平较低，也许部分原因是有更健康的生活方式，以及人际关系网络提供了更强大的支持。根据《美国医学会杂志》的报道，正念乐观主义可以大大降低罹患心脏病、中风或死于心血管疾病的风险，实际上降低了35%。此外，悲观主义对你的血压和心脏健康非常不利。护士健康研究自1976年以来一直在跟踪调查大批美国护士的健康状况，以及她们与健康相关的行为。该研究发现，乐观情绪水平的提高与死亡率的降低之间存在显著且具有统计学意义的关联。

在心理健康方面，正念乐观主义者往往会设法减轻自己的压力、焦虑和抑郁。通过学习用更有建设性的新方式重新定义艰难的处境，你就可以消除有害压力，游刃有余地应对带来压力的处境。更有效的应对策略有助于你重新振作起来。正念乐观主义有时会保护你，让你模糊地看待未来可能出现的痛苦和挑战，这也是一件好事。总之，你会变得更加坚韧，更有恢复力，能够更好地应对挫折，最终更加成功。

在情感上，乐观主义会让你产生更强烈的希望，更自信，更积极，更愿意相信一切皆有可能。你会变得更加积极，更有活力，更快乐，朋友更多，人际关系更牢固。

记得自我保健：不幸的是，自我保健往往是有害压力最先伤害的牺牲品之一。在你比以往任何时候都更需要自我保健时，你可能会被压力压得"缩回自己的壳中"，不再好好照顾自己。此外，压力会消耗你的意志力，让你养成自我毁灭的习惯，以及采取不利于健康的应对策略。这些行为和策略在当时可能会令你感觉良好，却是自我保健的敌人。投资于自我保健意味着要遵循前后一致的原则，涵盖生理、心理、情感和精神等方面。我相信有必要制订自我保健策略——我称之为彻底的自我保健——因为这真的很重要。

在日本文化中，缺陷的存在强化和加深了物品的美感。几乎每一件艺术品都有缺陷，很少有艺术家对自己的作品完全满意。俗话说，每一颗璀璨的钻石都有不完美的瑕疵。侘寂（wabi-sabi）是禅宗的一个概念，即把瑕疵作为一种美来展示，认为瑕疵可以让一件物品更有特色，能提升而不是降低它的价值。例如，摹绘中的不对称、绘画中的瑕疵或花瓶上的裂缝。固有的美可能在于无常、不完整、不完美——但最重要的是真实可信。

金缮（kintsugi）是东方修复破损的陶器的传统方法。修复破损的陶器不是试图掩盖裂缝，而是用混合了铝粉、银粉或金粉的漆来修补。修复后的陶器因有破损而美丽，而不是虽然破损但美丽。对我来说，侘寂和金缮的智慧是一种绝妙的隐喻，象征人类超越挫折和挣扎、实现创伤后成长的超强能力。缺陷可以是一种破坏性、损害性和削弱性的力量，但它也给了我们更多自由发挥的空间把它整合。你看到了什么样的世界，更多地取决于你自己是什么样子，而非世界本来是什么样子。神经科学证明了这一点。最近的研究表明，你看到的事物，至少有80%是基于你的大脑对现实的解读。如果你把注意力集中在自己的缺陷和不完美上，它们就会像重担一样压得你喘不过气来。改变看待事物的方式，你看到的事物就会开始改变。所以，不要让你的缺陷、弱点或不完美在生活的海洋中拖累你。选择正确地看待自己的缺陷：接纳不完整的自己。把这作为你在这个世界上成长和发光发热的机会，拥抱更真实、更可信赖的自己：不完美、有缺陷，但仍然是一个出色的人。

未来的自己：想象一下在未来的某个时刻——比如说五年后——你已经意识到了自己的潜力，你为之努力的一切都成为现实。这不是痴人说梦，而是基于现实、明确和可实现的努力，有意识地描绘出自己的未来。在你生活的各个领域清晰地想象这个未来。在人际关系、健康、事业和自我发展等方面，把对未来的想象写在纸上，包括你希望去旅行的地方、想学习的爱好、想读的书。想象一下努力工作并发挥自己潜能的情景。把你最美好的未来写在纸上，让它一目了然、清清楚楚。这个"未来的自己"在你看来是什么样的？实现这些目标后的感觉如何？这个练习是培养积极情绪、增强乐观心态和提高生活活力的绝佳方法。正如印度哲学家斯瓦米·维韦卡南达所写："我们要对自己负责，无论我们希望自己成为什么样的人，我们都有能力塑造自己。"

写作促进成长：促进创伤后成长的最佳方法之一是进行富有表现力的写作。美国得克萨斯大学的詹姆斯·彭内贝克教授根据自己的人生经历对此进行了生动的阐述。在他婚姻的最初几年，他与配偶的关系陷入困境，他的生活也随之陷入抑郁的恶性循环。有一天，他从床上爬起来，开始自由地书写自己的生活和面临的所有问题。日复一日，他开始发现自己感觉好多了。他不仅摆脱了抑郁，还重建了与妻子的关系，同时根据自己的目标重塑了自己的生活。这种个人成长促使他开始一项迷人的事业：研究进行富有表现力的写作有什么好处。总之，他发现连续3天、每天花15分钟左右写下自己关心或担心的问题会受益匪浅。过了这段时间，你可以撕掉自己写的东西。你不需要写出优美的文章，按意识流写作就可以了。这种富有表现力的写作方式已被数百项研究证实有诸多好处。它可以缓解焦虑和抑郁、帮助睡眠、强化免疫系统、提

活出生命力

高恢复力、改善人际关系。总之，它有助于从整体上增强健康和活力。此外，进行富有表现力的写作还能帮助你从生活中造成创伤的一系列事情中成长。彭内贝克对因公司裁员而失去工作的中年男性工程师进行研究，发现如果他们练习进行富有表现力的写作（写出他们关于失业、被拒绝等的感受），那么他们在六个月内被其他机构重新雇用的可能性要高三倍。他的职业生涯和长期研究都确凿无疑地证明，写下自己的情感经历对身心健康大有裨益。写作似乎能让你的思绪放慢速度，变得更加专注，进而让你深思熟虑，并且将过去和现在发生的事情联系起来，解释它们的意义。写作还能鼓励你提出重要的问题，包括这样的事情为什么会发生，意味着什么，接下来会发生什么。写作还能让你感觉自己与所写的事情或经历发生分离，这本身就能为你获得新视角创造空间。通过写作，你可以用不同的方式看待问题，并将讨论从自己多么痛苦转向自己该如何成长。进行富有表现力的写作可以让你成为自己故事中的英雄，从"我是受害者"转变为"我是生还者"。这可以从根本上转变你的自我意识，促进自我成长。你将学会更加关注当下而不是过去经历的痛苦。当你变得更有前瞻性，更有正念乐观主义精神时，你就能抵抗即将面临的压力。

经历充满压力的挫折和逆境之后，许多人都会获得积极的成长。美国国家心理健康研究所指出，虽然50%以上的人一生中至少会经历一次给自己带来创伤的事件（丧亲、重病、流离失所、战争、饥荒、自然灾害、失业或人际关系问题），但大多数人并不会出现创伤后应激障碍。与此相反，许多人会从这些经历中逐渐获得成长——欢迎了解"创伤后成长"这个概念。

斯坦福大学的研究强调,压力最容易影响成长或恢复力。[1]成长可能出现在以下领域:精神上的改变,发挥个人优势(尤其是感恩之心、恢复力和乐观主义)方式的改变,更加珍惜生活和重要的人,改善与他人的关系,增强同情心和利他主义,以及从生活方式、目标和人际关系的角度重新看待生活本身。

总之,压力可能会成为身体、精神和情绪健康的隐患,也可能会成为获得成长和恢复力的催化剂。除了学会从压力中恢复,还要设法培养自我意识,重新调整心态,将压力视为一种值得接纳的东西,一种可以帮助自己变得更聪明、更强大和更出色的东西。

你生活在一个即时满足和急功近利的社会。在医疗保健领域,这可能表现为包治百病的药片和一贴了之的解决方案;在媒体领域,这可能表现为掷地有声的口号和永无止境的承诺。然而,要想获得心灵的成长和智慧,没有捷径可走。长期思考、深度学习是无可替代的:运用知识,获得经验,并将其转化为智慧。

虽然成就会尘封在你过去的记忆中,耀眼的目标会照亮你的未来,但它们绝非终点,而只是前进道路上的印记。致力于练习是一种当下的活动。你需要在当下去体验和接纳。

日 记

花一些时间思考最后一组日记的问题,尝试借鉴本节中到目前为止

---

[1] K. 麦戈尼格尔(2016)。《压力的好处:为什么压力对你有益,以及如何变得擅长应对压力》(重印版),艾利出版公司。

活出生命力

涉及的所有内容：

○回想你经历过的、带给你压力的事情，例如对你很重要的事情、人际关系或健康问题、面试等。

○你当时是如何处理这件事情的？
○你是如何反应或回应的？

现在，我们从成长的角度重新评估形势。

○你从这次经历中学到了什么？
○你从中获得成长了吗？

用几分钟时间，从以下几个方面描述这段经历：

○精神成长。
○个人实力。
○感恩生命。
○增强社交联系和人际关系。
○新的可能性和人生方向。

进步是一段旅程，无形的进步往往发生在永无止境的稳定状态之后。就像山茶花一样，也许日常生活中的压力带来的困难有助于你成长，让你获得新的视角，充分发挥自己的潜能，体验心灵的成长。旅程的乐趣在于旅程本身，在于坚持不懈、不断进步，永不停止学习和成长，活得更有活力。

结语

活力——一种新的生命体征

我们不会停止探索，我们一切探索的终点将是我们的起点，到那时我们才会第一次了解这个地方。

——T.S. 艾略特

我出生在一月，尽管一月的爱尔兰天气寒冷，但我一直对这个月份有特殊的感情。"一月"一词源于罗马神话中的两面神雅努斯，象征出入口和新的开始。雅努斯通常被描绘成有两个脑袋，而我最喜欢的雅努斯形象实际上有三个脑袋，同时回顾过去、直视前方和展望未来。这对我们是一个绝佳的提醒。我们每个人都有潜力从以往的经历中学习，活在当下，同时乐观、充满活力地展望更美好的未来。

如果你已经读到了本书的这一页，那么恭喜你，你已经走了很长的一段路！通过投入时间（希望你的阅读过程是愉快的），我希望本书能给你带来一些想法和策略，让你的生活更有活力。

是这样吗？你现在对自己的活力有什么不同的看法？你有哪些个人

见解和思考？你学到了什么东西？读完一本书后，人们很容易忘记其中的核心观点。更多的时候，人们只是继续以往的生活。花点时间把学到的策略写下来，可以加深理解。使用下面的表格来整合你学到的知识。

新见解	为什么这对你很重要？	如何在生活中运用它？
感恩		
正念		
消极		
睡眠		
运动		
饮食		
目标		
冥想		
自然		
正念存在		
正念选择		
正念成长		

任何人都无法回到起点重新开始，但从今天开始，你可以为自己的生活书写一个全新的故事。我想问你一个问题：如何缩小你与目标之间的差距，让你更接近最好的自己，活得更有活力？我鼓励你不仅要阅读，还要反复咀嚼，用画线的方式强调与你关系最大的那些概念。深入理解这些重要概念并为己所用，拥有它们，让它们成为现实。

"曼陀罗"一词来自古老的梵语。从字面上看，它的意思是圆形的或完整的，在所有文化和宗教中都能看到它的身影。佛教僧侣可以花费数小时甚至数天时间，完全用沙子手工制作他们心目中美丽的曼陀罗。制作这些复杂的几何图形需要高度集中注意力，这本身就是一种冥想练习，让人意识到自己的世界只是某种更大世界的一部分。结束之后，僧侣们会对着完成的曼陀罗祈祷，然后立即摧毁它，打破对执着和永恒的任何幻想。在闭幕仪式上，僧侣们可能会将一些沙子分给参与者，象征一种可能性，而其余的沙子则会被扔进附近的溪流中冲走，以祝福整个世界。曼陀罗象征物质世界的无常和短暂。

佛教中的曼陀罗是处理生活中一切事物的一种有趣方式。你建造了某些东西，但它们很快就会被毁掉。你打扫了厨房，但它很快又会变得杂乱无章。这样，生活就变成了一个无休止的短暂过程：不断变化和重新开始。理解这一正念理念是获得智慧的关键。我们要做的就是不要停止开始：唯一不变的就是不断变化。你可能会学到一些东西，尝试一下，继续向前迈进，然后又退了回来。这没关系，一切都是一个过程，只需要重新开始。

我喜欢把健康定义为"只有病人才能看到的健康的人头上的皇冠"。我们都有可能把健康视为理所当然，除非或直到发生了什么事，你可能会花大量时间努力恢复健康。如果你像我一样相信健康是无价之宝，那么让生活充满活力将成为一种新的义务，通过日常选择和投入来引领自己的生活。

成为自身健康的积极参与者，而不是医疗保健的被动消费者。倾听自己的心声，遵循自己的价值观，让自己的生活方式成为最好的良药。要理解一点：自我保健是你和你生活中每一个重要之人的基石。拥抱独一无二的自己——优点、缺点和不完美之美。

　　接受自己的缺陷，放下让自己痛苦的完美主义，拥抱侘寂的智慧。认可在生活中走过的路程、克服的障碍、取得的小小胜利、展现出的勇气。承认经受挫折、困难和压力都是人生旅途的一部分。接受错误是人类不可或缺的一部分，宽恕自己并继续前进。一个永恒不变的真理是，好运的种子蕴藏在厄运之中，反之亦然，成功和失败是一枚硬币的两面。直面恐惧，追随自己的内心，找到自己的心流。拥抱变化，敞开心扉，拓宽思路，迎接机遇和可能性。学习《道德经》中的永恒智慧，拥抱单纯、同情心和谦逊。选择善良，心怀感恩与欣赏。

　　最重要的是，你要记住，你有能力在任何时候选择如何回应。明智地选择，而不是成为有害压力的受害者，或者被动地适应环境。过有目标的生活，与自己的优势和价值观保持一致。有成长的心态，从经验的角度看待自己的生活，从失去了什么转向如何成长。好好照顾自己的身体、思想、心灵和精神。为最重要的人和事留出时间。开怀大笑，放轻松，忠实于自己。从内心深处认识到，你的生命力就在你自己身上，它就是你自己。与它保持一致，利用它造福于自己。永不停止学习和成长。开始永远都不会晚。

　　为你的活力干杯。